# 가보고 싶은 곳 / 머물고 싶은 곳

김봉렬 글·관조 스님 사진

안그라픽스

**가보고 싶은 곳 머물고 싶은 곳**

2017년 7월 15일 2판 발행 ◐ 2020년 8월 31일 2판 4쇄 발행 ◐ **지은이** 김봉렬 ◐ **사진** 관조 스님 ◐ **펴낸이** 안미르
**주간** 문지숙 ◐ **편집** 박현주 김준영 ◐ **디자인** 황보명 이정민 ◐ **영업관리** 한창숙 ◐ **인쇄·제책** 한영문화사
**펴낸곳** (주)안그라픽스 우10881 경기도 파주시 회동길 125-15 ◐ **전화** 031.955.7766(편집) 031.955.7755(고객서비스)
**팩스** 031.955.7744 ◐ **이메일** agdesign@ag.co.kr ◐ **웹사이트** www.agbook.co.kr ◐ **등록번호** 제2-236(1975.7.7)

ⓒ 2011 김봉렬 관조 스님
이 책의 저작권은 지은이에게 있으며 무단 전재나 복제는 법으로 금지되어 있습니다.
정가는 뒤표지에 있습니다. 잘못된 책은 구입하신 곳에서 교환해 드립니다.

ISBN 978.89.7059.596.2(03600)

넘쳐날지라도 낭비하지 않았으며
모자람이 있어도 옹졸하지 않았던 분들
배우지 않았어도 결코 무지하지 않으며
아는 것보다는 실천에 앞장섰던 분들
환경이라는 말이 없어도
자연과의 조화를 으뜸으로 여기며
이 땅의 풀 한 포기, 나무 한 그루를
아끼며 살다 간 이름 없는 스님들 목수님들 장인들…

이 땅의 자연을 지키며
문화유산을 가꾸어 놓았던 선인들의 정신에
한없는

존경을 드립니다.

# 차례

008 지형과 교리가 빚은 개성들 속에서 김봉렬
010 가람에 담긴 정신을 찾아서 관조

## 012 Ⅰ 절로 가는 길
016 범어사  짧지만 길고 굽었으되 곧은 길
022 화암사  천연요새의 城 같은 고찰
028 유가사  자연이 주연, 인공은 조연인 사찰
034 해인사  깨달음과 미망의 경계에 세운 공간 예술

## 038 Ⅱ 어우러짐: 가람과 자연의 조화
042 부석사  땅의 리듬에 맞춰오르는 계단식 석단
048 낙산사  동해바다에 떠 있는 구도의 법당
054 선운사  여백미 사라진 자리엔 동백꽃만
060 고운사  두 가람 잇는 다리
066 내소사  자연과 한 몸을 이룬 절
072 마곡사  끊김과 이어짐의 절묘한 조화
078 해인사  변화무쌍한 공간의 멋

## 084 Ⅲ 넉넉함: 원융회통의 건축적 표현
088 화엄사  절묘한 공간 활용으로 이룬 화합의 정신
094 금산사  수평과 수직의 어우러짐
100 대둔사  불교의 포용력 상징하는 가람 속 사당
106 옥천사  살아 있는 통불교 박물관
112 문수사  민중의 얼굴을 한 보살
118 신원사  명성황후 구국혼 깃든 산신당

124 **IV 멋스러움: 가람에 담긴 전통 건축의 아름다움**

    128   은해사    자신감 넘치는 뼈대의 아름다움

    134   수덕사    섬세한 공예미 갖춘 고려 건물의 정수

    140   청룡사    휘어진 기둥에 담긴 중용과 역동의 미학

    146   흥국사    궁궐 대접받은 왕실 원찰

152 **V 성스러움: 아름다운 것은 성스럽다**

    156   법흥사    온 산이 다 부처님의 몸

    160   통도사    새것 만들되 옛 질서 따르는 정신

    166   한계사터    옛 절터에서 만나는 '처음 정신'

    170   개암사    용과 봉황으로 가득한 정토

176 **VI 소박함: 가람과 절제의 미학**

    180   봉정사    소나무 그늘에 담긴 거대한 의미

    186   화엄사    모과나무로 구현한 자연주의

    192   선암사    고결한 삶을 보듬는 건축적 지혜

    198   정수사    작은 것이 아름답다

    204   사찰 건축 어떻게 이해할 것인가

    211   조선시대 불교 건축의 구성 그 통불교적 교리

    223   찾아보기

# 지형과 교리가 빚은
# 개성들 속에서

현대인들에게 절이란 자연 속에 묻혀 있는 휴식처요, 명승 속에 자리 잡은 관광지로 여기기 쉽다. 불자들이라 하더라도 불공을 드리기 위해 가끔 순례하는 예불처로만 생각할 수 있다. 그러나 가람의 주역들은 관광객도, 재자불가도 아닌 그곳에서 주석하고 수행하는 스님들이다. 가람이란 '여러 승려들이 즐겨 모이는 장소'라는 뜻의 인도말 'samgharama僧伽籃摩'에서 생겨났다. 오래된 역사를 자랑하는 명찰들의 자리를 잡고 건축을 설계한 이들은 다름 아닌 옛 스님들이었고, 천여 년 긴 세월 동안 가람을 지키고 가꾸어온 이들 역시 스님들이었다. 따라서 가람의 진정한 건축적 의미를 찾아내고 감상하기 위해서는 그 스님들의 생각을 이해하고 의도를 읽어내야 한다.

앞산과 뒷산, 계곡과 물줄기의 위치와 형태를 살핀 후에야 가람의 터를 정한다. 대웅전을 어디에 위치시킬지, 산문은 어디에 두어야 할지, 전체적인 건물들의 배열을 우선 정한다. 그 후에 하나하나 건물들의 모습을 디자인하고 세워나간다. 따라서 한국의 가람건축은 우리 강산의 지형이 그 생김새에 맞도록 만든 위대한 선물이라 할 수 있다.

가람은 불법을 전하는 장소일뿐만 아니라 건축물 그 자체가 신앙의 대상이 되기도 하는 종교적인 표상이다. 따라서 가람 전체를 구성하고 건물들을 배치할 때나, 한 동 한 동의 건물을 지어나갈 때 불교의 교리와 의례에 따라야 했다. 가람은 입체적으로 표현된 건축적 경전이며, 신앙의 거대한 만다라라 할 수 있다.

한국의 가람들은 서로 다른 개성들을 가지고 있다. 중국의 가람들은 우리보다는 역사도 깊고 남겨진 유적도 훨씬 많지만 지나치게 통일된 규범을 좇아 건축됨으로 천편일률, 만편일률의 획일성이 눈에 띈다. 그러나 한국 가람건축은 시대에 따라 신앙적 배경에 따라 지역에 따라 그리고 건축가 스님들의 개성에 따라 다양한 형식이 존재한다. 100개의 사찰이 있다면 100개의 형식이 있을 정도로 다양하다.

이 책은 전국의 가람들을 다루고 있지만, 그들의 연혁이나 전체 건축을 설명하지는 않는다. 또한 가람들이 어디 있는지 어떻게 찾아가는지 안내하지도 않는다. 불교건축 역사책도 아니고, 답사 안내집도 아니다. 몇 개의 건축적 장면들에 숨어 있는 지형적, 교리적, 일상적 의미를 되돌아보고 우리 가람들의 참다운 가치를 다시 조명하기 위한 책이다. 어쩌면 우리 눈앞에 나타나는 거대한 법당이나 화려한 단청들은 허상일지도 모른다. 그 속에 담겨진 실상을 찾기 위한 순례라고 생각해도 좋다.

〈현대불교신문〉에 연재했던 글들을 재구성해 이 책을 처음 단행본으로 출간했던 것이 어느덧 10년 전의 일이다. 관조 스님의 훌륭한 사진들이 동반된 덕분에 우리 가람의 참다운 멋이 독자들에게 잘 전해져 오래도록 사랑 받는 책으로 남아 있었다. 2006년에 입적하신 스님을 생각할 때면, 40여 성상을 불교사진에 정진하며 일가를 이루신 스님께서 내 미문에 맞추어 사진을 촬영하시던 모습이 다시금 떠올라 그리운 마음을 금할 길이 없다. 스님의 5주기를 기념하여 그분께서 남기신 사진들이 담긴 후속권을 출간하기에 앞서, 이 책의 흘러간 정보들을 수정하여 다시 세상에 내놓는다. 오랜 세월 관조 스님에 대한 기억을 공유하며 이 책에 변함없는 애정을 보내준 (전)안그라픽스 김옥철 사장께 감사를 드린다.

2011년 7월
김봉렬 합장

# 가람에 담긴
# 정신을 찾아서

불문의 귀의한 우리 같은 출가승들에게 가람은 성스러운 공간이자 세속적인 공간이다. 일주문을 통해 가람에 들어서면 속세와 인연을 끊고 불문에 귀의하게 된다지만 승속의 구분이 그렇게 두부 자르듯이 갈라지는 것이 아니다. 예불 드리고 용맹정진 수행하는 시간이 있으려면 먹고 자고, 쓸고 닦는 일상적인 시간도 있어야 한다. 일심으로 화두를 잡으면 몸으로 무슨 업을 짓든 모든 것이 다 공부가 된다. 일체유심조라 과연 헛된 말이 아니다. 세속의 잣대로 공부 따로 일 따로 구분할 성격이 아닌 것이다. 가람은 바로 스님네들의 이런 모든 살림살이를 담아내는 공간이다.

산사에서는 시절의 변화가 민감하게 느껴진다. 형상 가진 것은 그대로 머물러 있는 것이 없다는 것을 눈으로 똑똑히 확인할 수 있으니 제행무상을 실감한다. 찰라에 나타났다가 사라지는 것들이 아쉬워 부지런히 사진으로 담아두다 보니 스님사진가라는 허명을 얻게 되었다. 어느날 문득 생각해 보니 "불제자라면 본래 나를 찾아야지 허망한 이미지를 좇아 한평생을 보내다니 이 무슨 짓거리인가" 싶어 아끼던 카메라 장비를 모두 처분하고 마음 공부에 매달리기로 작심하였다. 하지만 지은 업이 있고 인연의 고리가 질겨 그것조차 쉽지 않았다.

평소 함께 사찰 기행을 자주 하며 막역하게 지내던 (전)안그라픽스의 김옥철 사장이 책 출간에 참여해 달라고 간곡히 부탁하는 것이 아닌가. "사진 작업은 더 이상 하지 않기로 했습니다" 하고 정중히 거절하였지만 "김봉렬 교수의 가람건축에 관한 글이 아주 좋습니다. 스님의 사진이 어우러지면 좋은 책이 될 겁니다" 하면서 원고를 넘겨주었다.

과연 읽어보니 평생을 절살림을 산 우리들로서도 무릎을 탁 치게 할 만큼 탁견이었다. 내가 머물고 있는 범어사의 일주문을 드나들 때마다 참 좋다는 것을 늘 느끼지만 왜 그런지 따져볼 생각은 하지 않았다. 그런데 건축가의 탁월한 해설을 듣고 보니 그런 느낌은 우연이 아니라 건축적 장치에 의해 디자인된 것임을 알고서 탄복하게 되었다. 그간 불교문화를 촬영하면서 부분에만 집착하다 보니 실상을 온전히 담아내지 못했다는 깨침을 얻었다. 멋진 가람의 장면들을 만든 옛스님들의 의도를 읽어가는 사진 작업을 한번 해보는 것이 나의 공부에도 도움이 되겠구나 하는 생각이 들어서 처분했던 카메라 장비를 다시 장만하여 작업에 동참하게 되었다.

글이든 이미지든 간에 그것이 가리키는 것을 취하지 않고 그 형태에 집착하는 것은 선사가 손을 들어 달을 가리킬 때 달을 보지 않고 손가락을 보는 격이다. 사진에 박힌 건물에 집착하지 말고 그 건축으로 표현하고자 했던 정신을 취하길 바란다. 가람에 담긴 정신을 찾아내려는 김봉렬 교수의 의도에 맞추어 가람의 장면을 잡아내기 위해 나름대로 최선을 다했지만 미흡한 점이 없잖아 보인다. 좋은 공부 기회를 준 김봉렬 교수와 ㈜안그라픽스의 김옥철 사장께 감사드린다.

2002년 4월
관장 합장

# I
## 절로 가는 길

범어사
화암사
유가사
해인사

이 절은 환상적인 입지와 드라마틱한 진입로, 그리고 잘 짜여진 전체 구성만으로도 최고의 건축이다. 이처럼 고적하게 남아 있는 사찰이 또 어디 있을까. _____
아름다운 계곡을 타고 오르면 벼랑이 가로막고 벼랑 사이로 한 사람이 겨우 오를 정도의 아슬아슬한 길이 바위 끝으로 이어진다.

→23쪽_화암사_천연요새의 성 같은 고찰

금정산의 동쪽 기슭
높고 급한 경사지에 자리잡은
범어사 지붕 너머로 울창한 숲이 보인다.
깊은 산중에 세워진 사찰 안으로 들어가는
고요한 진입로에서는
성스러운 느낌을 받게 된다.

범어사 진입로

# 짧지만
# 길고
# 굽었으되
# 곧은
# 길

우리나라 제2의 도시 부산은 일제강점기 이후 급성장하여 역사가 빈약한 도시라고 생각하기 쉽다. 그러나 부산의 모체가 되었던 동래 지역은 조선시대에 도호부가 설치될 정도로 비중이 있었던 도시였고, 무엇보다 신라 고찰인 금정산 범어사가 있어서 천년의 역사를 자랑하고 있다.

범어사는 해동 화엄종의 종조(宗祖) 의상 대사가 화엄10찰의 하나로 678년(신라 문무왕 18)에 창건한 것으로 전해진다. 화엄10찰이 대개 그렇듯이, 국방의 목적도 겸한 전략적 사찰이었다. 10만의 왜구들이 동해안을 침범하여 신라를 위태롭게 할 즈음, 금정산 밑에 범어사를 세우니 왜구들이 물러갔다는 창건 설화가 전한다. 또한 조선시대 임진왜란 때는 서산 대사가 이곳을 사령부로 정하고 승의병들을 모집했던 구국의 현장이기도 하다.

금정산 정상에 서면 범어사가 보인다. 범어사는 금정산성 수호의 병참기지 역할도 겸한 사찰로서 금정산 높은 곳에 위치하고 있다.

군사적으로 전략적인 사찰들은 대개 높은 산의 정상부에 위치한다. 그래야 저지대의 적군의 움직임을 감시할 수 있고, 방어에도 유리하기 때문이다. 실제로 범어사 뒷산에는 금정산성이 있다. 동래 일대의 중심 사찰이기도 했지만, 금

절로 가는 길

여느 사찰과 달리

돌기둥으로 이루어진

3칸 일주문(부산시 유형 문화재 2호)은

둥글고 긴 4개의 초석 위에

짧은 두리 기둥을 세우고

겹처마의

맞배 지붕을 올렸다.

흔들거릴 수 있는 기와지붕과 목조물에

보주(補柱)를 쓰지 않고

돌 위에 올린 것이 놀랍다.

정산성 수호의 병참기지 역할도 했으리라고 추정하기에 어렵지 않다. 이처럼 높고 급한 경사지에 사찰이 자리잡으면, 전략적으로는 유리하지만 일반 신도들이 출입하기에는 매우 불리하다. 아무리 전략적 사찰이라 하더라도 평상시에는 불교의 성지로서 신도들을 위한 편의를 제공해야 한다는 점에서는 매우 불리한 입지였다. 또한 조선시대 사찰들은 늘 유림의 행패와 수탈에 시달려야 했다. 고성 옥천사와 같이 담과 건물을 높게 쌓고 문을 걸어 잠그면 외부의 행패로부터 보호받을 수는 있었겠지만, 범어사 같이 대중들이 빈번히 출입하는 사찰은 그것도 불가능했다. 또 깊은 산중에서 가람의 성스러운 영역을 표시할 구조물도 필요하게 되었다.

이런저런 필요 때문에 등장하게 된 것이 바로 산문(山門)이다. 산문은 흔히 선불교의 영향이라고 말하나, 사상적 배경보다는 위와 같이 실제적인 중요성이 더 절실했던 것 같다. 가람의 경계를 뜻하며 속계와 성소를 구별짓는 일주문, 33천 가운데 사천왕천을 뜻하며 가람의 수문장 역할을 하는 천왕문, 또는 금강역사들의 금강문, 진리는 둘이 아니라 하나라고 설파하는 불이문 등. 조선시대에는 가람의 입구에 많은 산문들을 겹겹이 세워서 가람을 상징적으로 보호하는 한편, 성스러운 장소의 이미지를 얻는 데 성공했다.

그 가운데서도 범어사의 진입로는 뛰어난 구성을 하고 있다. 수십 동의 건물들로 가득한 대가람이지만, 건축적 핵심은 바로 그 진입부에 있다고 해도 과언이 아니다. 우선 3칸 돌기둥의 일주문부터가 범상치 않다. 보통 사찰의 일주문은 단칸이지만 이곳은 3칸이다. 일주문을 지나면 계단 위로 천왕문이 나오며, 천왕문에 올라서면 멀리 불이문이 나타난다. 이곳이 바로 진입부의 클라이맥스이며, 한국 불교 건축이 성취한 가장 뛰어난 장면 가운데 하나이다.

천왕문을 지나
불이문으로 이르는
길은
짧지만 길고 굽었으되 곧아 보이는
끝도 모를 계단이 계속된다.
이 장면은
한국 불교 건축이 성취한 가장 뛰어난 모습으로
한국적 미학의 극치이다.

(2010년 12월, 방화로 추정되는 화재로 인해 범어사 천왕문은 전소했다.)

천왕문과 불이문 사이에는 아무 것도 없이 오로지 길뿐이다. 이 길을 위해 나즈막한 담장을 쌓았고, 길 옆으로 쭉 뻗은 나무들을 심었다. 그리고 바닥을 3개의 얕은 단으로 나누어 상승감을 강조한다. 그 뒤에 불이문이 있지만 뻥 뚫린 문 뒤로는 끝도 모를 계단만이 계속될 뿐이다.

사람 키보다도 낮은 담장은 이 공간을 보호하려는 목적보다는 적막한 길의 이미지를 만들기 위한 건축적 장치다. 그리고 길의 뻗어오름을 강조하기 위해 양옆에 줄지어 나무를 심었다. 높은 가로수 줄은 길의 수평적 확장을 도와주며, 효과적으로 불이문에 도달하게 하는 시각적 장치이기도 하다. 그리고 나지막히 상승하는 바닥의 단들은 수평적 길이 수직적으로 변환하기 위한 예비 단계임을 암시한다. 그리고는 가파른 계단으로 이어진다. 이곳에는 수평감과 수직감이 교차하는 공간적 율동이 있고 키 큰 나무의 그늘 사이로 밝게 빛나는 음영의 어우러짐이 있다. 그리고 아무리 사람들이 많이 북적대도 이곳에서만은 차분해지는 신비한 적막이 있다.

정신을 차리고 자세히 살펴보면 이 길은 그다지 길지도 않고 똑바르지도 않음을 발견할 수 있다. 3단에 놓여진 세 토막의 길들은 약간씩 어긋나며 휘어져 있다. 그러나 그 분절의 효과 때문에 전체적으로 곧아 보인다. 또한 양켠의 낮은 담장은 길의 시각적 길이를 효과적으로 확장한다. 짧지만 길고 굽었으되 곧아 보인다. 한국적 미학의 극치다.

이 황홀한 가람의 진입로는 비단 범어사에만 있는 것은 아니다. 합천 해인사의 감동적인 진입로, 통도사의 휘어진 진입로, 그리고 조그마한 산사에서도 고즈넉한 길들이 있다. 조선시대 가람의 주인들이 만들어 놓은 철학적이고 종교적인, 그리고 지극히 건축적인 길들이다.

화암사의 드라마틱한 진입로. 아름다운 계곡을 타고 오르면 벼랑이 가로막고 벼랑 사이로 한 사람이 겨우 지나다닐 정도의 아슬아슬한 길이 바위 끝으로 이어진다.

불명산(佛明山) 시루봉 남쪽에
화암사가 있다.
첩첩산중에 무슨 절이 있을까 싶지만
스님네들의 수행 공간으로 이만한 곳도 드물 것이다.
그냥 걷기만 해도
속진이 절로 씻길 것 같은 진입로와
잘 짜여진 가람 구성만으로도
최고의 건축적 성취다.

화 암 사

# 천연 요새의
# 城 같은
# 고찰

전라북도 완주군 경천면의 불명산 깊은 품속에 화암사라는 작은 고찰이 있다. 신라 때 원효 대사(617~686)가 창건했다고 전하는 이 절의 극락전(보물 제663호)은 국내에서는 유일하게 하앙구조를 갖고 있는 보물 중의 보물이다. 하앙(下昂)이라는 부재는 기둥 위에 배열된 포작과 서까래 사이에 끼워진 긴 막대기 모양의 부재를 말한다. 그 위에 서까래를 얹으면 그만큼 처마를 길게 뺄 수 있도록 고안된 일종의 겹서까래 구조라 이해해도 무방하다. 하앙 구조는 중국과 일본의 건물에는 적지 않게 쓰이는 형식이지만 한국에서는 발견되지 않았다. 단지 고려조의 청동탑 모형 등에서만 확인됐을 뿐이다. 이를 빌미로 일본 학자들은 한국을 거치지 않고 중국에서 일본으로 하앙법이 직수입됐다는 주장을 펴기도 했다. 1970년대 화암사 극락전에 하앙이 있다는 보고는 일본측에는 충격이었고 한국에는 더없이 반가운 발견이었다. 심지어는 '건조물 문화재계의 해방 이후 최대의 발견'이라는 극찬까지 받았다.

화엄사 극락전 지붕. 처마를 길게 뺄 수 있도록 고안된 일종의 겹서까래 구조라 할 수 있는 하앙 구조를 갖고 있어서 건축학적 가치가 높다.

그러나 희귀한 구조에 대한 관심이 없더라도 이 절은 환상적인 입지와 드라마틱한 진입로, 그리고 잘 짜여진 전체 구성만으로도 최고의 건축이다. 이처럼 고적하게 남아 있는 사찰이 또 어디 있을까. 10년 전까지만 해도 차량으로 닿을 수 없는 몇 안 되는 사찰이었다. 아름다운 계곡을 타고 오르면 벼랑이 가로막고 벼랑 사이로 한 사람이 겨우 오를 정도의 아슬아슬한 길이 바위 끝으로 이어진다. 예전에 다니던

화암사 우화루(보물 제662호).
조선시대에 지은 정면 3칸 측면 2칸의
맞배지붕 건물이다.
2층으로 된 누각이지만
아래가 석축으로 막혀 있어
옆의 대문채를 통해야
중심곽으로 들어설 수 있다.

진입로였다. 너무 통행이 힘들어 1983년 옆의 폭포 위로 철제 계단과 다리를 놓았다. 통행은 편해졌지만, 운치와 경관은 상처를 입고 말았다. 부처의 땅도 세태로부터는 자유롭지 못한 모양이다.

15세기 때 쓰여진 '화엄사(화암사의 예전 이름) 중창비'에는 "바위 벼랑의 허리에 너비 1자 정도의 길이 있어 그 벼랑을 타고 올라가며 이 절에 이른다. 골짜기는 가히 만 마리 말을 갈무리할 만큼 넓고, 바위가 기묘하고 나무는 늙어 깊고도 깊은 성(深廓)이다. 참으로 하늘이 만든 것이요 땅이 감추어 둔 도인의 복된 곳"이라고 묘사되어 있다. 아직도 옛 모습의 흔적은 완연히 남아 있다. 힘들게 올라온 끝에 한숨 돌리고 나면, 누각과 그 옆의 대문으로 가로막힌 한 무리의 기와집이 나타난다. 정면이 외부에 대해 굳게 닫혀 있어서 사찰이라기보다는 어느 유력 문중의 재실이나 서원과 같은 인상이다.

화암사는 험한 능선이 갑자기 완만해지면서 만들어진 800여 평의 바위 위에 터를 잡았다. 중심곽은 전면 우화루와 뒤의 극락전, 서쪽의 적묵당과 동쪽의 불명당으로 이루어진 작은 중정이다. 우화루와 불명당 사이로는 북향을 하고 있는 명부전이 눈에 들어온다. 우화루는 2층의 누각이지만, 아래가 석축으로 막혀 있어 출입이 불가능하여 옆의 대문채를 통해 진입해야 하고 대문을 들어온 후에도 적묵당의 부엌에서 일하는 보살의 감시를 받아가며 우화루 모퉁이를 지나야 중심 마당으로 들어갈 수 있다. 여타의 다른 부분은 건물이나 돌담으로 막혀 있다. 암반 위에 굳게 닫힌 화암사의 외관은 마치 작은 성채를 보는 것과 같다.

임진왜란 때 충청도 금산에서 이치대첩(梨峙大捷)의 큰 전과를 거두었을 때 이곳까지 병화가 번져 절은 불타 버렸다. 전쟁 직후인 1604년 서둘러 중창되었다. 여러 가지 정황으로 미루어 이 절은 순수한 종교 시설이라기보다는 풍수적 비보용이나 군사적 목적을 띠었을 가능성이 높다. 그렇다면 성채와 같아 보이는 것이 당연할 것이

화암사 극락전(보물 제663호).
정면 3칸 측면 3칸의 맞배지붕 건물로
조선시대에 조성되었다.
다듬지 않은 자연석 기단에 민흘림 기둥을 세웠다.
극락전이라는 이름과는 달리
관세음보살을 봉안하고 있다.

다. 적묵당은 뒤쪽으로 두 날개채를 가진 ㄷ자 평면의 승방이다. 자연스레 만들어진 뒷마당(後院)은 스님들의 생활 공간이다. 일반 신도들은 넓은 부엌을 통해야만 접근할 수 있는 비밀스러운 곳이기도 하다. 승방 건물에는 툇마루를 달아 생활의 편리를 도모했고, 마당 앞으로는 자연 암반이 솟아 있어 그 위에 소박한 장독대를 마련했다. 장독대 옆에는 정말 작은 산신각이 '얹혀져'있다. 절의 서쪽은 암반으로 이루어진 넓은 계곡이고 이곳을 흘러내리는 가느다란 물줄기는 절 아래 폭포의 원류가 되고 있다. 물줄기 중간에는 지그재그형으로 배열된 5개의 둥근 웅덩이가 파

화암사 적묵당 뒷편. 스님들의 생활 공간을 보호하기 위해 일반 신도는 부엌을 통해야만 접근할 수 있도록 처리했다.

여 있다. 인공적으로 조성한 것이 분명한 이 시설물은 경주의 포석정과 같이 물놀이 이용 시설이었는지 아니면 현재와 같이 빨래터로 사용했는지는 알 수 없지만, 대단히 절묘한 아이디어가 아닐 수 없다.

화암사는 너무나 깊은 산속에 외로이 있어서, 마치 세속으로부터 고립된 수도원과 같이 일반 신도들보다는 스님네들의 작은 수행 공간으로서 생활에 필요한 모든 것을 자급자족하도록 건축되었다. 그러나 이런 화암사에서도 변형과 파손의 피해가 나타나고 있다. 산 뒤쪽으로 자동차 길을 만들어 절 위까지 차량이 올라올 수 있도록 했고, 서쪽 암반에 흉한 콘크리트 덩어리 축대를 쌓아 주차장을 조성했다. 다행스럽게도 아직은 승방이나 극락전 우화루를 손대지 않고 있다. 화암사 건축의 빼어난 점은 건물뿐 아니라, 주변 자연과의 조화에 있다. 건물만 보존하고 자연을 손댄다면, 화암사의 소중한 부분을 파괴하는 결과를 빚을 것이다. _ ▫

비슬산 깊숙한 곳에 호젓이 자리잡은 유가사.

자연과 건축이 이룰 수 있는

최고 형태의 '관계'를 보여준다.

보통 사찰 건축에서

자연은 배경으로 설정되지만

유가사에서는 주인공으로 부각된다.

### 비슬산 유가사

# 자연이 주연 인공은 조연인 사찰

대구시 달성군 유가면 양리에 소재하는 유가사는 비파와 거문고의 합주가 항상 들린다는 비슬산(琵瑟) 깊숙한 곳에 호젓이 자리잡고 있다. 827년(신라 흥덕왕 2) 창건된 이후 수차례 중건을 거듭한 이 절은 지방문화재로 지정된 건물조차 없을 정도로 얼핏 보면 평범한 산사에 지나지 않는다. 그럼에도 불구하고 이곳에는 진정한 의미의 '건축'이 남아 있다. 자연과 건축의 관계를 맺어주는 본질적인 '전통'이 살아 있고 무상한 공간들에서 존재의 진정한 의미를 찾는 '선(禪)'의 정신이 숨쉬고 있다.

유가사의 건축적 비경은 입구에서부터 시작된다. 이제는 잘 정비된 비슬산 등산로 어귀에서 숲속으로 이어지는 오솔길이 바로 유가사의 시작이다. 오솔길의 바닥은 큰 바위들로 이루어져 있고, 숱한 세월 동안 수많은 신도들의 발자국에 닳아서 맨들맨들 빛난다. 오솔길의 폭은 그다지 넓지 않고 울창한 나무들이 드리우는 그늘로 채워져 있지만, 은은한 햇빛의 반사광이 바닥돌 위로 솟아오르는 절묘한 분위기다. 유가사뿐 아니라 대부분 산사들의 진입로 분위기는 이와 크게 다르지 않았을 것이다. 일제강점기와 근대화 과정을 거치면서 자동차와 관람객을 위해 숲을 깎아 대로를 만들면서 원래의 진입로들이 사라져 버렸을 따름이다. 물론 유가사

유가사의 오솔길 진입로. 울창한 나무 그늘 사이로 비치는 은은한 햇빛이 수많은 신도들의 발길에 닳아서 반들거리는 바닥돌에 반사되어 절묘한 분위기를 연출한다.

천왕문을 지나 경내로 진입하는
진입축의 방향은
대웅전과 나한전 사이의 빈 공간에 나타나는
뒷산으로 시선을 유도한다.
자연을 정점으로
설정한 건축 정신의
발로다.

에도 쉽게 닿을 수 있는 자동차 길이 만들어져 있다. 그러나 원래의 진입로를 피해 멀리 우회하기 때문에, 일반 방문객들은 이 신비로운 오솔길을 걸을 수 있다.

오솔길을 걸으며 주목해 볼 것은 천왕문을 지나 경내로 들어가는 진입축의 방향이다. 누각의 옆면을 끼고 마당의 서쪽 모서리를 타고 진입하며, 대웅전과 나한전 사이의 빈 공간으로 나타나는 뒷산을 향해 시선을 유도하는 구성은 이 절의 정신을 암시한다. 극히 작위적으로 구성된 중정을 옆으로 비켜가는 동시에 자연을 정점으로 설정함으로써, 인공보다 우선하는 대자연을 사찰 건축의 주인공으로 부각시키고 있다. 보통 사찰 건축에서 자연은 배경으로 설정되지만, 유가사에서는 배경이라기보다는 그 자체가 주인공인 건축적 목표가 된다. 확대해서 말한다면, 유가사의 인공적인 건물들이란 비슬산의 대자연을 효과적으로 부각시키기 위한 수단이요, 무대장치에 불과하다.

이러한 개념은 중심곽에만 적용되는 것이 아니다. 더욱 주목할 것은 대웅전의 서쪽, 나한전·용화전·산신각으로 연결되는 건물들 간의 관계다. 진입한 다음의 시선은 자연스럽게 대웅전·나한전·용화전·산신각의 순으로 따라가며, 동선 역시 그것을 따른다. 이 자연스러운 움직임은 몇 가지 치밀한 건축적 조작을 통해서 얻어진다. 첫째로 건물들의 규모가 순서대로 작아지도록 점감적인 순열을 취하고 있다. 3×3칸(대웅전) 3×2칸(나한전) 1×1칸(용화전) 1×0.5칸(산신각)의 순서다. 멀리 있는 전각일수록 작게 보이는 것이 사람의 시각이지만, 유가사의 4동 전각들은 급격하게 줄어드는 규모들을 배열함으로써 투시도적 점감의 효과를 극대화하고 있다. 둘째로 나한전·용화전·산신각이 서로 삼각형의 꼭지점에 놓여 지그재그형으로 배열 으로써 전각들 간의 입체적인 율동감이 강화된다. 진입축을 따라 대웅전·나한전의 틈새로 진입하면 곧바로 나한전의 전면을 타고 용화전으로 시선과 동선이 흐르게 되며, 용화전 앞에 서면 저만치 작은 산신각이 산을 등지고 점과 같이 자리잡고 있다.

유가사의 전각과 공간의 관계는
자연스럽게
시선과 동선을 일치시킨다.
대웅전·나한전·용화전·산신각의 순서로
눈길과 발길을 이끄는데
건물 규모 또한 순서대로 작아지도록 하여
투시도적 점감 효과를
극대화하고 있다.

웅대한 산 앞에 작은 산신각은 마치 존재하지 않은 듯 보여, 인공에서 자연으로 환원되는 듯한 극적인 효과를 거둔다. 마지막으로 4개의 전각들은 모두 다른 방향으로 앉아, 한 건물에서 다른 건물을 볼 때 모퉁이 부분을 바라보게 된다. 평면적인 배치도로는 일견 무질서하게 배열된 것 같지만 실제 동선상에서는 모든 건물이 입체적인 모습으로 보이며, 작은 건물들임에도 불구하고 초라하지 않고 극히 역동적인 관계를 형성한다. ▫ (이 글에서 묘사된 유가사의 모습은 2004년 이전의 모습이다. 그 이후의 불사 때, 진입로 부분의 숲과 바닥 바위들을 제거하여 훤한 진입로를 만들었으며, 천왕문 대신 거대한 누각을 세워 원래의 진입축도 변해버렸다.)

대웅전·나한전·용화전·산신각 등 4개의 전각들이 서로 다른 방향으로 앉아 있어서 일견 무질서하게 보이지만 동선상에서 보면 모든 건물이 입체적으로 보이고 역동적인 율동감이 강조된다.

봉황문에서 해탈문으로 향하는 길.
꺾여 올라가는 비대칭적 흐름에
균형감을 부여하는 것은
오른쪽 빈 공간에 자리잡은 국사단이다.
균형과 조화, 정적과 역동, 비대칭적 대칭을 보여주는
고전적 조형 미학의 정수다.

해인사 국사단

# 깨달음과
# 미망의
# 경계에 세운
# 공간 예술

팔만대장경을 보관하고 있어서 법보 사찰로 숭앙받고 있을 뿐 아니라, 1994년 입멸한 성철 스님의 상징이 된 장좌불와와 3천배라는 수행 가풍으로 더욱 유명해진 해인사에 대해서는 더 이상의 소개가 필요없겠다. 유구한 역사와 유명도에 더해 팔만대장경판과 경판전이 유네스코 세계문화유산으로 등록까지 되었으니 금상첨화 격이다.

몽고의 침략으로 초조대장경이 불타 없어진 후 1236년(고종 23)에 시작하여 16년 만인 1251년에 완성된, 흔히 팔만대장경으로 불리는 고려대장경판을 완벽하게 보존할 수 있었던 경판전의 과학적 설계나 그 앞의 기다란 마당은 더 이상 언급이 필요없는 우리 건축술의 위대한 결실이다.

〈화엄경〉에는 '해인삼매(海印三昧)'라는 말이 나온다. 풍랑이 일던 바다가 잠잠해지면 삼라만상이 모두 바닷물에 비치는 것 같이 온갖 번뇌가 끊어진 고요한 상태를 일컫는다. 해인사를 건축했던 이들도 이러한 삼매의 장소를 만들려고 했을 것이다.

해인사 앞산에 올라보면 험준한 가야산 자락에 밝고 고요한 터에 해인사가 자리 잡고 있음을 알 수 있다. 마치 가야산의 울창한 수풀은 풍랑이 이는 바다와 같고 해인사는 그 바다 가운데에 피어난 한 송이 연꽃과도 같다. 화엄의 세계, 연화장 세계가 바로 이를 말함이 아닌가.

그만큼 해인사의 건축은 불리한 자연 지형을 슬기롭게 극복하고 있다. 이 점이 해인사의 가장 뛰어난 건축적 가치다. 다시 말해 해인사를 해인사답게 만든 것은 땅의 형상에 자연스럽게 적응하는 지혜였다. 일주문까지의 길다란 진입로와 일주문·봉황문·해탈문·구광루 등 여러 단계의 입구들을 지나면서 만나는 의외의 장면들은 모두 특별한 방법으로 땅을 이용하면서 생겨난 모습들이다.

그 가운데 봉황문과 해탈문 사이의 공간에서 발길을 멈추자. 단순히 본다면 봉황문에서 해탈문으로 가기 위한 계단들로 가득한 통과 장소에 불과하다. 그런데 그 사이에는 국사단이라는 생소한 이름의 작은 건물이 앉아 있다. 아래 봉황문은 동쪽에 있고, 위의 해탈문은 서쪽으로 치우쳐 있어서 계단도 서쪽으로 꺾여 있다. 국사단은 동쪽의 빈틈에 자리잡았다. 따라서 국사단은 왼쪽으로 꺾여 올라가는 해탈문에 균형감을 부여한다. 이 하나의 공간적 장면은 고전적인 조형 미학에서 말하는 많은 가치를 가지고 있다. 균형과 조화, 정적과 역동성, 비대칭적 대칭성 등.

미학적 수사보다도 흥미를 끄는 것은 국사단의 위치와 성격이다. 가야산에는 산신이 있고 해인사 가람 터에는 이 터의 형국(形局)을 주관하는 토지신이 있다. 국사단(局司壇)이란 이 토지신을 위해 마련한 건물이다. 가람을 수호하고 사고를 방지하기 위한 중요 건물 가운데 하나다. 그러나 국사 신앙은 불교의 정통적인 신앙이 아니라 한국 전래의 토속 신앙이다. 그래서 건물의 명칭도 전(殿)이나 각(閣)이 아니라 단(壇)이다. 이 건물은 도저히 불교의 가람 안에 둘 수 없는 건물이다. 그래서 절묘한 해법을 찾아낸다. 넣을 수도 뺄 수도 없는 성격의 건물을 봉황문과 해탈문의 사이, 본격적인 불국토가 시작하기 바로 직전의 경계에 위치시킴으로써 불교와 토속 신앙이 만나면서 생기는 모순을 극복한 것이다.

교리적으로 사천왕상이 있는 봉황문은 아직 미망의 세계이고, 해탈문부터가 깨달음의 세계라 할 수 있다. 불국토인 연화장 세계는 해탈문부터라 할 수 있지만 봉황문부터 이미 가람은 시작하고 있다. 따라서 그 사이는 가람의 안일 수도 있고 바깥일 수도 있는 성격의 공간이다. 국사단이 위치하기에는 가장 적절한 위치다.

봉황문을 들어서면 국사단의 정면은 뚜렷하게 다가온다. 그러나 여기서 그치지 않고 왼쪽 위로 계단이 이어지면서 그 위의 해탈문이 말없이 서 있다. 어서 올라오라고 권하는 자세로.

국사단은 중요한 건물이다. 그러나 중요하지 않은 건물이기도 하다. 봉황문과 해탈문 사이의 이 공간은 국사단의 이중적 성격을 대변하듯 지형적으로 교리적으로 이중적인 경계의 공간이다. ▭

가야산의 토지신을 모신 해인사 국사단. 전통 가람에 수용하기 애매한 성격의 이 건물을 봉황문과 해탈문 사이의 경계에 세움으로써 불교와 토속 신앙이 만나면서 생기는 모순을 극복했다.

II
어우러짐:
가람과 자연의
조화

부석사
낙산사
선운사
고운사
내소사
마곡사
해인사

북쪽 가람의 영역은 개울의 북쪽만이 아니라, 남쪽 영산전 영역의 일부를 포함하고 있음을 알 수 있다. 다시 말해서 영산전 영역 앞에 있는 해탈문과 천왕문은 북쪽 가람에 속하는 전각들이고, 이 문들은 개울 건너 북쪽 가람과 관계를 맺는다. 개울에 의해 분리되었으면서도 공간적으로는 연속된 절묘한 구성인 것이다.

→ 72쪽_ 마곡사 _ 끊김과 이어짐의 절묘한 조화

부석사

# 땅의
# 리듬에
# 맞춰오르는
# 계단식 석단

국립 중앙박물관장을 지낸 고 최순우 선생은 '무량수전 배흘림 기둥에 기대 서서'라는 명수필로 부석사의 아름다움을 극찬한 바 있다. 건축 전문가들에게도 가장 뛰어난 사찰건축을 꼽으라면 주저없이 영주의 부석사를 든다. 부석사에는 고려시대 목조 건물인 무량수전이 있다. 지금 남아 있는 건물로서는 안동 봉정사 극락전 다음으로 오래된 국보이며, 빼어난 형태적 비례와 정교한 축조기술로도 대단한 가치를 지닌 건물이다. 그러나 건축가들의 찬사는 무량수전 때문만은 아니다. 여기에는 무량수전보다 더 거대한 건축이 있기 때문이다.

부석사 무량수전. 오랜 역사뿐 아니라 빼어난 형태적 비와 정교한 축조기술로도 건축적 가치가 높다.

부석사는 수만 평에 이르는 광대한 대지를 가지고 있다. 그러나 여기에 중요한 건물로는 천왕문과 범종루, 안양루와 무량수전, 그리고 뒷산 숲속에 조사당과 응진전이 숨겨져 있을 뿐이다. 최근 요사채와 성보전이 신축되었지만 규모도 작고 한쪽에 자리잡아 그다지 주목할 대상은 못 된다. 소백산 지맥의 한 부분을 차지할 만큼 넓은 대지에 불과 4동의 건물만이 서 있다면, 마치 큰 호수에 조각배 두세 척이 떠 있는 것과 같이 휑하고 스산한 가람으로 보이기 십상일 것이다. 그러나 실제로 이 절에 올라가면 모든 외부 공간들은 꽉 차 있다고 느끼게 된다. 왜일까?

자연스러우면서도 정교한 석축 위에 자리잡은
부석사 안양루와 무량수전.
뒷 건물이 부석사의 주불전인 무량수전(국보 제18호)이고
앞의 2층 누각이 안양루다.
특히 안양루는 2단의 석축에 앉혀져 있는데
앞 2줄의 기둥은 아랫기단에,
뒤의 짧은 기둥은 윗기단에 놓여 있다.

신라가 삼국을 통일한 직후, 중국 유학을 마치고 귀국한 의상 대사는 소백산 깊숙한 곳에 부석사의 기틀을 닦고 화엄학을 전교하기 시작했다. 삼국으로 나뉘어 600여 년을 지속해 왔던 한반도의 나라들이 드디어 하나의 나라로 통일되기는 했지만, 여전히 세 나라의 백성들은 문화적 차이와 적대감을 가지고 있어서 완전한 사회적 통합을 이루지 못했다. 이때 의상이 전교한 화엄학은 분열됐던 사회의 사상을 하나로 통합하는 매우 중요한 역할을 담당하게 된다. 의상의 이러한 사상은 부석사의 가람 구조에서도 여실히 드러난다. 이 가람은 깊고 급한 경사지를 10여 개의 거대한 계단식 석단들로 바꾸고 그 위에 건물들을 앉혔다. 전문가가 아니면 지나치기 쉽지만, 그 석단들의 적절한 높이와 웅장함이 부석사 가람의 주인 역할을 한다. 건축적 공간은 내부 공간만을 의미하지 않는다. 경사지를 깎아서 석축을 쌓으면 바닥의 수평면과 석축의 수직면이 생긴다. 수평면과 수직면이 일정한 비례로 조화를 이루면 일정한 공간적 느낌이 생기고, 이를 건축적으로는 외부 공간이라 부른다.

특히 한국 건축은 외부 공간을 중요한 요소로 여겨 왔다. 흔히 우리가 마당이라고 부르는 뜰이 대표적인 외부 공간이다. 마당은 건물들의 벽면 사이로 만들어지는 외부 공간이지만, 부석사의 경우는 웅장한 석단들로 만들어지는 특별한 외부 공간들이다. 소수의 건물밖에 없지만 가람 전체가 꽉 찬 것 같은 느낌을 주는 이유는 근본적으로 이 석단들이 만드는 외부 공간 때문이다. 그런 면에서 부석사 건축의 주인공은 건물이 아니라 바로 석단들이다.

그러나 무작정 석단들을 쌓았다면 지금과 같은 공간감을 얻지 못했을 것이다. 오늘날의 택지 개발 현장과 같이 오히려 더욱 삭막한 장소를 만들고 말았을 것이다. 그러나 이 가람의 건축가들은 석단의 위치와 높이를 철저하게 원래의 지형에 맞추어 쌓고 다듬었다. 10여 개의 석단의 높이들은 서로 다르고, 석단이 위치하는 간격도 다르다. 높은 단 하나를 오르면 낮은 단들이 나타나고 다시 높아지는 등 매우 리드미컬하게 걸음을 조절한다. 가람의 처음부터 끝까지의 산술적 거리는 매우 길고 고

통일신라시대에 조성된 3층석탑(보물 제249호) 뒤로
범종각과 안양루, 무량수전 등의 전각이 자리잡고 있다.
소백산 자락 넓은 터 위에
4동에 불과한 건물만이 서 있지만
실제로 가 보면 꽉 찬 느낌이다.
리드미컬하게 축조된 10여 개의 거대한 석단이
웅장한 외부 공간을 만들기 때문이다.

저차도 심하지만, 부석사를 방문하는 그 누구도 힘들어하지 않는다. 율동적으로 배치되고 세워진 석단들 때문이다. 석단들은 바로 자연 지형의 생김새에 따라 세워진 땅의 건축이요 화엄 광장이라 할 수 있다.

10여 개 석단의 정점에는 안양루와 무량수전이 자리잡고 있다. 하나의 장엄한 소나타와 같이 율동적인 오름의 정점에 위치한 두 건물의 아름다움도 대단하지만, 일단 안양루에 오르든지 무량수전의 기둥에 기대서 지나온 행로를 돌아봐야 한다. 이 장면이 바로 무량수전을 바로 이 자리에 앉힌 궁극적인 이유이기 때문이다.

돌아보는 눈 앞에는 구름 아래로 첩첩한 산들이 부드러우면서도 힘찬 곡선들을 겹쳐가며 대자연의 교향곡을 연주하고 있다. 어쩌면 이처럼 장대하고 아름다운 장면을 대할 수 있을까? 이 거대한 자연의 풍경은 결코 우연이 아니다. 그처럼 수많은 석단을 쌓아가며 이 위치까지 올라오게 만든 것은 바로 이 대자연의 선물을 품에 안기 위함일 것이다.

소백산의 수많은 산줄기와 능선들이 무량수전을 향해 경배하고 있는 듯하다. 누가 말했듯이 부석사는 가장 커다란 정원을 가진 가람이다. 땅의 생김새에 충실했기 때문에 계단식 석단들은 마치 땅의 리듬에 맞춰 춤을 추는 듯한 공간을 연출한다. 자연을 앞뜰과 같이 이용할 수 있는 지혜를 가졌던 의상 스님과 그 후예 스님들께 절로 머리가 숙여진다.

부석사 무량수전 서편에 자리한 부석. 의상 대사와 애틋한 사랑을 나누었던 선묘가 용이 되어 의상 대사의 귀국 뱃길을 열어준 뒤 이곳에 와서 부석이 되어 부석사를 세우는 기틀을 마련해 주었다는 전설을 간직하고 있다.

부석사는 가장 커다란 정원을 가진 가람이다.

첩첩한 산들이 부드러우면서도

힘찬 곡선을 겹치며 품 안으로 달려온다.

석단을 쌓아 땅을 춤추게 하며

시야를 넓히기 때문이다.

낙 산 사  홍 련 암

# 동해 바다에 떠 있는 구도의 법당

법당 안 마룻바닥에 반 뼘짜리 작은 구멍들이 여기저기 뚫려있다. 그 작은 구멍들에 눈을 바짝 대 보면 놀라운 광경을 만나게 된다. 저 아래 깊은 곳에 파도가 넘실대고 있는 것이다. 홍련암은 그렇게 바다 위에 떠 있다. 정확히 말한다면, 가파른 절벽 사이의 바위틈에 마치 다리를 놓듯이 마루를 걸치고 집을 지었다. 왜 이처럼 험난한 곳에 어렵게 법당을 지었을까?

홍련암은 강원도 양양군 낙산사에 딸려 있는 작은 암자다. 낙산사는 관동팔경 중의 하나로, 겸재 정선과 단원 김홍도가 그림을 남겼을 정도의 명소였지만, 6·25전쟁 통에 크게 망가져서 현재의 건물들은 대부분 1960년대에 새로이 세워진 것들이다. 그럼에도 불구하

의상대

고 바닷가에 위치한 뛰어난 풍치와 홍련암, 의상대를 포함한 넓은 경내, 그리고 무엇보다도 창건주 의상 대사의 생사를 초탈한 구도의 전설들은 천년 세월의 숨결을 느끼게 한다.

의상 대사가 활동하던 통일 신라 초기는 전 국토를 보살들의 거주처로 인식한 국토 재구성 운동이 한창이던 때다. 대표적인 곳이 오대산으로 문수보살이 계시는 곳으

넘실대는 동해 바다 위에 떠 있는 절 홍련암.
의상 대사가 관세음보살의 진신을
친견한 자리에 세운 절로
치열한 구도열과 불퇴전의 신심을 담고 있다.

로 받아들여졌다. 또한 자비의 화신인 관세음보살은 동해, 남해, 서해 각 3곳에서 친견할 수 있다고 믿어왔다. 원래 관세음보살은 동쪽의 보타락가산을 주처로 한다고 화엄경에 나온다. 낙산사라는 절 이름도 보타락가산에서 유래한 것이다. 관세음보살 제1의 성지가 동해의 낙산사라면, 제2는 남해의 보리암이고, 제3은 서해의 강화 보문사다.

의상이 당나라에서 돌아온 후, 관음보살의 진신을 친견하기 위해 동해의 관음굴을 찾았다. 재계 7일 만에 8부신중이 나타나 관음굴 속으로 스님을 인도했고 수정 염주 하나를 응답의 징표로 쥐어주었다. 그러나 대사는 이에 만족하지 않았다. 굴 앞 바다 위에 솟아 있는 바위에 앉아 밤낮으로 기도하기를 다시 7일간. 그러나 관세음보살은 나타나지 않았다. 응답이 없음에 대사는 자신의 정성이 부족함을 탓하며 바다에 몸을 던졌다. 그러나 바로 그 순간 바다 위에 붉은 연꽃이 솟아나 대사를 구해준 것은 물론 그 속에 드디어 관세음보살이 현신해 친견의 원을 이루게 된다.

그 친견의 장소에 지은 법당이 홍련암이고, 홍련암 아래의 석굴이 바로 관음굴이다. 이처럼 바다 위 절벽에 자리를 잡은 까닭은 수정 염주를 바친 바다 속의 8부신중들이 불법을 들을 수 있도록 하는 배려였다고도 한다. 그러나 무엇보다도 목숨까지 바치려 했던 의상의 높은 신심을 기리기 위해 그 자리에 지었다고 보는 것이 타당하다. 이처럼 가파른 벼랑을 골라 그 위에 건물을 짓는 것은 대단한 난공사였다. 일부러 악조건을 감수하며 지극한 신앙심과 치열한 구도심을 표현한 것이다. 비단 홍련암뿐 아니다. 금산의 보리암도 깎아지른 듯한 높은 절벽 위 좁은 터에 지어졌고, 관악산 연주암도 마찬가지다. 건축 재료들을 나르기도 힘들고 공사도 어려운 곳이다. 강화 보문사는 아예 바위를 파고 들어가 관음보살을 모셨다.

3대 관음 성지가 모두 험난한 지형과 난공사를 택했다. 의성의 고운사 가학루는 넓은 계곡을 가로 질러 건물을 올려놓았다. 금강산 보덕굴은 아예 천길 낭떠러지 위에

가파른 절벽 사이에 다리를 놓듯이
마루를 걸치고 지극한 신앙심을 표현했다.
불교 건축은 단순히
인력과 기술, 자본의 소산이 아니다.
그 자체로 믿음의 상징이며 구도심의 결정체다.

매달린 구조로 이루어졌다. 모두가 극진한 신앙의 표현이기 때문에 공사의 어려움은 문제될 것이 없었다.

홍련암 바닥의 작은 구멍을 통해 동해의 파도를 보자. 두려움이 먼저 앞선다. 대자연의 힘 앞에 너무나 미약한 인간. 그러나 의상을 비롯하여 이 법당을 만든 스님들의 정성을 생각하노라면, 우리 또한 저절로 그들과 같은 구도자가 되고 만다. 선재동자가 53선지식들을 찾아 다니며 진리를 구했듯이 진리에 이르는 험난한 길을 헤쳐간 선인들의 역정은 그 자체로 믿음의 모범이다.

불교 건축은 인력과 기술, 자본만으로 이루어지는 것은 아니다. 건축은 그 자체가 신심의 상징이어야 한다. 홍련암은 작은 규모에 불과하지만, 이 건물이 담고 있는 신심은 목숨보다 소중한 것이었다. 단지 시주가 많이 들어온다는 이유만으로, 생활하기에 불편하다는 이유만으로 크고 넓게만 확장하고 있는 현대의 불사는 부끄럽기만 하다. 부처님은 법당의 크기를 어여삐 여기는 것이 아니다. 오로지 거기에 담긴 신심과 치열한 구도의 정신을 볼 뿐이다. 바다 위 험지(險地)에 선 작은 홍련암이 우리에게 말해주고 있는 교훈이다. ▫

홍련암의 마룻바닥에 눈을 바짝 대 보면
놀라운 광경을 만날 수 있다.
의상 스님에게 8부신중이 전했다는 수정 염주와
넘실대는 파도, 대자연의 힘에 견주면
너무도 미약한 인간의 실체를 만날 수 있다.

선운사

# 여백미
# 사라진 자리엔
# 동백꽃만

고창 선운사만큼 시심을 자극하는 절도 드물다. 미당 서정주는 "선운사 골째기로/선운사 동백꽃을/보러 갔더니"로 시작하는 '선운사 동구'라는 절창을 남겼다.

그러나 동백꽃뿐 아니었다. 웅장한 대웅전은 땅과 한몸을 이룬 듯, 이른바 백제계 건축의 진수를 보여주는 명품이었고, 휘어진 들보로 이루어진 만세루는 민중적이면서도 종교적 희열로 가득한 건물이었다. 건축에 능통한 시인이 있었다면 선운사 건축의 역동적 에너지와 평화로운 공간을 소재삼아 또 다른 명시를 남겼을 것이다.

선운사에는 2개의 중요한 불전이 있다. 예의 대웅전과 대웅전 서쪽의 영산전이다. 대웅전이 물론 규모도 크고 고급스럽기는 하지만, 두 건물은 서로 닮은 형제와 같이 동서로 나란히 맞배지붕을 하고 서 있다. 그 가운데 삐닥하게 놓인 노전채가 있었다. 아마도 두 건물을 모두 관리했던 노전 스님의 거처였으리라. 이 건물은 관리상 두 불전 사이에 있었겠지만, 두 불전 사이의 마당을 나누어 주는 공간적 역할을 담당하기도 했었다.

선운사 마당은 동서로 길쭉하다. 자칫하면 휑하고 멍청한 마당이 되기 쉬웠으나, 약간 돌아앉은 노전채가 긴 마당을 2개로 쪼개어 한 부분은 대웅전에 다른 한 부분은 영산전에 속하도록 시각적으로 구획하고 있었다. 그러나 최근 언젠가 노전채를 철거하고 말아 선운사 마당은 염려대로 비례가 맞지 않는 멍청이가 되어 버렸다.

형제 같은 모습의 맞배지붕 건물로
나란히 서 있는 영산전과 대웅전.
본디 두 건물 사이에는 노전채가 있어
동서로 길쭉한 두 마당을 시각적으로 구획했다.
그러나 최근 노전채가 사라지고
선운사 마당은 운동장 같은 모습이 되고 말았다.

만세루의 서쪽 에도 ㄱ자형 요사채가 나란히 서 있었다. 승방 내부에 청정한 대방을 가진 고급의 요사채였다. 마치 명상에 잠긴 듯한 근엄한 표정으로 마당을 감싸며 선풍(禪風)을 물씬 풍기는 명품이었다. 제대로 된 승방 건물로는 몇 채 남지 않은 희귀 건축이기도 했다. 그러나 이 승방도 철거되고 말았다.

선운사에서 사라진 것은 두 채의 요사채만은 아니다. 길쭉했기 때문에 아늑하고 평화로웠던 마당의 분위기는 사라졌고, 관광객들의 소란만 가득한 곳이 되었다. 마당과 하나가 되어 넓고 풍요로웠던 대웅전과 영산전의 영역성은 사라지고 운동장 같이 휑한 마당에 두 전각만 뎅그라니 남은 폐허가 되고 말았다. 폐허가 된 절터가 한두 곳은 아니지만, 자연스럽게 폐허화된 절터에는 원래의 흔적이 남아 있다. 그래서 폐허 위에서 온갖 역사적 건축적 상상력을 펼칠 수 있다. 그러나 선운사의 폐허는 원초적 흔적마저 사라져 버린 폐허 아닌 폐허가 되었다.

한국의 건축이란 건물을 지칭하는 것이 아니다. 건물보다 오히려 중요한 것은 건물과 건물 사이에 놓인 마당이고, 마당과 건물이 하나로 엮어진 조합이다. 문인화의 난초 그림을 감상할 때, 난초 잎의 흐드러짐이 주체가 아니라 잎줄기 사이의 여백이 주체이듯이 한국 건축의 주체는 건물 사이의 여백이며, 여백과 건물과의 관계이다. 선운사에는 이제 이 여백의 관계도 남지 않았다. 건축은 사라지고 건물만 남은 셈이다. 아무리 대웅전과 영산전 건물이 위대한 작품이라 해도 부분에 불과하다. 선운사라는 가람의 전체성은 사라지고 건물이라는 부분만 남은 꼴이다. 선운사의 대웅전과 영산전은 빈 공간으로 둘러싸인 또 다른 섬이 되었다.

석란, 홍선대원군 그림, 1866년, 국립박물관 소장.

폐허가 아닌 폐허가 되어버린 선운사 마당.
마당과 한몸을 이루던 대웅전과 영산전 앞 마당의
영역성은 사라지고 운동장처럼 횡해지고 말았다.
건물과 여백(마당)의 관계가 사라질 때
건축은 함께 사라지고
건물만 남는다.

어디 선운사뿐이랴? 중국 절 같이 우스꽝스레 된 수덕사, 사나운 돌사자가 포효하는 해인사의 구광루 마당, 승보 사찰의 전통을 압도하며 우뚝 선 송광사의 대웅전, 계곡의 건축적 질서를 메워버리고 새로 들어선 고운사 대웅전 그리고 미처 대중들로부터 심정적 외호도 못 받으며 사라지고 변형되어 가는 수많은 작은 사찰들. 모두가 건물을 살리려다 건축을 잃어버린 실패작들이다.

이제 선운사에는 동백꽃만 예전의 아름다움을 간직하고 있다. 시대의 필요에 따라 가람의 건축도 변할 수밖에 없다. 오히려 변하지 않는 가람이란 불교의 시대적 사명을 다하지 못한 낙오자일 뿐이다. 그러나 좋은 쪽으로의 변화만이 가치를 갖는다. 천여 년간 축적되어 왔던 전통을 하루아침에 무시하면서도 전통 사찰이라고 자부할 수 있는가. 시대의 변화에 순응하면서도 전통적 질서를 잃지 않았던 고귀한 앞 스님들의 심미안은 언제 부활할 것인가. __ ▫

동백꽃

만세루의 휘어진 대들보

선운사 대웅전(보물 제290호).
아무리 대웅전이 위대한 건물이라 해도
가람 건축의 한 부분일 뿐이다.
지금의 선운사는 가람이라는 전체는 사라지고
건물이라는 부분만 남게 되었다.

고 운 사   가 운 루

# 두 가람 잇는 '다리'

경상북도 의성군 단촌면 구계동에 있는 고운사는 대한불교 조계종 16교구의 본사로서 당당한 규모를 자랑하고 있다. 현존하는 건물만도 29동에 이르는 큰 규모이지만, 전국적으로는 거의 알려지지 않은 사찰이다. 아마 조계종의 교구 본사 가운데는 가장 덜 알려진 가람이 아닐까 싶다. 그러나 이 절은 의상 대사가 681년(신문왕 1)에 창건했다고 전해지며, 현재까지 경북 북부 지방의 중심 가람으로서 전통을 자랑하고 있고, 가람의 짜임새도 뛰어난 곳이다.

훗날, 신라 말의 대학자이며 이단아였던 최치원이 중건하고 본래의 절 이름이었던 '고운사(高雲寺)'를 '고운사(孤雲寺)'로 바꿨다는 얘기도 전해져 내려온다. 전설인즉, 고운 최치원이 여지, 여사라는 두 스님과 이곳에 와서 가허루(駕虛樓)와 우화루(羽化樓)라는 두 누각을 건립하였고, 이때부터 최치원의 호를 좇아서 고운사라고 불렀다는 것이다.

최치원은 유학자이기는 했지만, 우리나라의 풍류도를 일으킨 인물이기도 하다. 풍류도란 신라 화랑들과 같이 산천을 찾아 다니며 심신을 단련하고 자연을 숭상하는 수행법이자 일종의 종교적

고운사 가운루. 개울 위에 세워져 남쪽 가람과 북쪽 가람을 하나로 이어 주는 다리 역할을 하는 누각이다. 옛 기록에 따르면 가운루는 "누각에 서면 개울에 계류가 흐르고 찬란한 산들과 구름에 둘러싸인 신선의 세계"라고 극찬한 설경이다.

고운사는 경북 북부 지방의 중심 사찰로
큰 규모이고 가람 구성도 뛰어나지만
전국적으로는 거의 알려지지 않은 절이다.
의상 대사가 창건했고 최치원이
중창했다는 내력이 전해온다.
여느 가람과 달리 두 계곡이
합쳐지는 곳에 자리잡고 있다.

왕실 원당이 있던 연수전

행위였다. 당대의 대지성이요, 풍운아였던 최치원이 언제 죽었는지는 밝혀져 있지 않다. 가야산에서 산신이 되었다는 설이 풍미했을 정도로 신선도나 도교의 성인에 가까웠다. 최치원과 밀접한 인연을 간직한 고운사는 도교적 이미지로 가득한 절이다. 뒷산의 명칭도 뭉게구름을 뜻하는 등운산이고, 최치원이 세웠다는 가허루나 우화루 역시 도교의 신선들이 타고 다니는 비행체들을 뜻한다. 물론 도교 또는 풍류도의 도사가 불교 사찰을 창건했다는 전설을 그대로 받아들이기에는 무리가 따른다. 단지 이 땅의 산세가 신선이 노닐 만한 선경이라는 점, 그리고 어떤 형태로든지 신라 말에 최치원과 관계가 되었기에 형성된 이야기가 아닐까.

가허루(駕虛樓)는 현재 가운루(駕雲樓)로 바뀌었고, 우화루(羽化樓)는 우화루(雨華樓)로 이름이 바뀌었다. 도교적 이름에서 불교적 이미지의 이름들로 언젠가 변한 것이다. 그러나 이 가람은 여느 불교 사찰들과는 달리, 원래는 두 계곡이 하나로 합쳐지는 지점에 절터를 잡았다. 마치 Y자형으로 생긴 개울을 이용하여, 북쪽에는 극락전을 중심으로 20여 동의 전각들이 개울을 따라 일렬로 서 있었고, 남쪽에는 모니전(대웅전의 전신)을 중심으로 독립된 암자가 경영되었다. 말하자면 2개의 독립된 가람이 개울을 사이에 두고 마주 보고 있었던 모습이었다. 그러나 1992년 거대한 대웅전을 새로 지으면서, 남쪽의 암자를 없애고 개울도 덮어 버려서 원래의 절묘했던 가람은 사라져 버렸다.

다시 원래의 모습으로 돌아가면, 남과 북 2개의 사찰로 나뉘어지지만, 결국은 하나의 가람이었다. 개울로 나뉘어진 두 가람을 하나로 묶어준 것은 바로 사찰 입구에 세워진 거대한 가운루다. 가운루는 남과 북의 양쪽을 이어주는 다리이면서도 강당 건물이었다. 길이가 16.2m에 최고 높이가 13m에 달하는 대규모 누각이다. 3쌍의

본디 고운사는 개울을 사이에 두고
남북으로 두 영역이 나뉘어진 가람이었다.
그러나 지금은
대웅전이 새로이 들어서면서
남쪽의 암자를 없애고
개울도 메워 버렸다.

가늘고 긴 기둥이 계곡 밑까지 내려가 이 거대한 몸체를 떠받치고 있다. 마치 양쪽의 언덕에 걸쳐진 다리와 같고, 계곡 위에 둥실 떠 있는 배와도 같다. 옛 기록에도 가운루는 '누각에 서면 아래로는 계류가 흐르고, 뒤로는 찬란한 산들과 구름의 바다를 접하는 신선의 세계'라고 극찬한 절경이다. 한국의 사찰들 가운데 이처럼 극적인 모습의 누각은 보기 어렵다. 얼핏 생각하면 가운루는 가람의 규모에 비해 지나치게 큰 것처럼 보인다. 그러나 가운루의 위치와 의미를 생각해 보면, 이처럼 과장될 정도로 규모를 키운 까닭을 이해할 수 있다.

사찰의 입구에 서 있는 가운루는 고운사의 얼굴이다. 원래부터 두 편으로 나뉘어 성장해 온 고운사의 독특한 구조상, 무엇인가 가람을 대표할 하나의 얼굴이 필요했고 이를 가운루로 삼은 것이다. 또한 가운루는 남과 북으로 나뉘어진 2개의 사원을 연결하고 하나로 묶어주는 통합체이기도 했다. 실제로 가운루는 가람의 진입로 상에서 중요한 다리 역할을 하기도 했다. 그보다는 개울에 의해 나뉜 두 부분을 연결한다는 상징적인 의미가 더욱 강했다. 그래서 구조적으로 불리함을 감수해서라도 개울 위에 세운 것이다. 한 동의 건물로 가람 전체를 통합한다니, 이 얼마나 놀라운 발상인가? 우연한 감동은 없다. 가운루의 형태나 규모, 그 위치가 강한 인상을 주는 것은 그 속에 담겨진 의미와 옛 스님들의 뜻깊은 사려 때문이다. 비록 최근의 중창 불사로 고운사의 가람 구조는 훼손되었지만 그나마 가운루는 보존되어서 예전 가람의 서원들을 들려준다. ▫

가람의 입구를 지키는 가운루는 고운사의 얼굴이다.
개울에 의해 나뉜 두 영역을
하나로 연결하는 상징이기도 하다.
개울 위라는 구조적 불리함을 감수함으로써
가람 전체를 통합하는 구실을 해낸다.

내소사

# 자연과 한 몸을 이룬 절

전북 부안군 진서면 석포리의 이름난 고찰 내소사. 633년(백제 무왕 34)에 창건된 이 절은 바위들이 뾰족뾰족 솟은 능가산을 배경으로 자리잡고 있다. 보물 291호로 지정된 대웅보전의 견고한 짜임새도 볼만하지만, 내소사의 참모습은 웅장한 능가산 절벽들과 어우러진 가람 전체의 조화일 것이다. 옛 스님들이 가람의 터를 정하고 건물들의 위치를 정할 때, 가장 세심하게 고려한 것은 배경이 될 산세였다. 따라서 뒷산과 가람이 일체화된 내소사의 유장한 모습은 결코 새삼스러운 것은 아니다. 그러나 자세히 보면, 산줄기와 대웅전의 축선이 일치하지는 않는다. 능가산의 주봉은 대웅전 바로 뒤가 아니라 서쪽으로 약간 비껴 서 있다. 주봉이 너무 높고 강한 모습이어서 대웅전을 비껴 놓은 것이다. 뒷산과의 관계가 가장 중요할 텐데 이처럼 비껴 놓은 까닭은 얼른 이해하기 어렵다. 옛 스님들의 안목은 단지 뒷산에만 머물지 않았다. 멀리 앞산들과 전체적인 지형의 생김새에 맞도록 가람을 조성했기 때문이다. 따라서 우리도 그 전체적인 형국을 살펴야 내소사 건축의 비밀을 풀 수가 있다. 내소사 입구에서 가람에 이르려면 울창한 전나무 숲을 1km 정도 걸어 들어가야 한다. 옛 가람의 입구에는 대개 이런 울창하고 신성한 숲으로 그윽했으리라. 그러나 안타깝게도 일제강점기의 남벌과 해방 후의 무관심, 그리고 어설픈 개발 사업으로 대부분 가람은 옛 정취를 잃어버렸다.

내소사 진입로. 능가산의 울창한 전나무 숲을 1km 정도 걸어 들어가야 천년 고찰 내소사에 이른다.

능가산을 배경으로 한 내소사 가람.
하지만 내소사는 배경을 이루는
능가산의 주봉을 살짝 비껴 앉아 있다.
주봉이 너무 높고 강한 모습이기도 하지만
멀리 앞산들과 전체적인 지형을
고려했기 때문이다.

내소사 대웅보전(보물 제291호).
정면 3칸, 측면 3칸의 팔작지붕 건물이다.
막돌로 쌓은 기단 위에
역시 다듬지 않은 자연석을 초석으로
두리기둥을 세웠다.
건물 정면의 꽃창살문의 아름다움과 정교함은
널리 알려져 있다.

어우러짐: 가람과 자연의 조화

신선하고 청량한 숲속을 지나면 문득 내소사의 넓은 터에 이른다. 우선 정면으로 보이는 것은 커다란 승방의 지붕면이다. 승방은 가람의 동쪽에 있는 것으로, 실제 중심은 서쪽으로 치우쳐 댕그라니 서 있는 누각(봉래루)이다. 계단도 정면으로 나 있지 않고 서쪽으로 비켜서, 봉래루로 사람들의 흐름을 유도하고 있다. 내소사의 넓은 터는 몇몇의 낮은 단으로 이루어졌고, 거기에는 각각 낮은 계단이 놓이는데, 모두가 조금씩 서쪽으로 밀려들어가는 형상이다. 마지막으로 이르게 되는 대웅전 역시 서쪽으로 비껴 서 있고 더 들어가면 예의 능가산 주봉이 놓여 있다. 전체 지형의 모습을 살펴보면 이렇다. 가람 터 앞으로 빠져나오는 냇물이 동쪽으로 굽이쳐 흐르기 때문에 능가산 주봉에 맞추어 가람을 배치하면 냇물 위에 집들을 지을 수밖에 없게 된다. 따라서 냇물을 피해 가람을 앉히되 뒷산의 전체적인 형국에 맞추느라고 입구부터 조금씩 서쪽으로 밀리면서 누각과 대웅전을 거쳐 주봉에 이르도록 조작된 것이다.

자연은 건축에 적합하도록 생기지만은 않았다. 어떤 곳은 건축이 불가능할 정도로 불리한 곳도 있다. 그러나 한국의 가람들은 꼭 그 터가 좋아서 집을 짓기로 한다면, 어떤 불리한 조건이라도 뛰어나게 해결했다. 번듯한 터보다는 내소사와 같이 제약조건이 있는 터를 골라서 그 장애요인을 오히려 훌륭한 건축조건으로 바꾸어 버리는 대단한 능력을 지니고 있었다. 뒷산을 정면으로 바라보고 가람을 만들었다면 단조롭고 지루할 수 있는 분위기를 극적인 변화의 공간으로 바꾸어 버린 것이다. 내소사는 비록 깊은 산속에 있지만 매우 넓직하고 평평한 터를 잡았다. 따라서 전체적인 가람의 건물들은 수평적인 구성을 취하고 있다. 그러나 대웅보전만은 날아갈 듯한 팔작지붕을 얹어 전체적으로 오똑 솟아오른 수직적인 모습이다. 넓찍한 대지와 뾰족한 뒷산에 대응되는 대조적 구성이다. 넓은 마당과 낮게 깔린 누각이나 석단들이 인공적인 수평의 흐름을 만들고 있다면 오똑한 대웅전은 능가산의 수직적인 절벽을 향해 상승하고 있다. 능가산이 뒤에 없었다면, 능가산이 지금과 같이 뾰족한 절벽들이 아니라면, 대웅전의 모습은 사뭇 달라졌을 것이다. 우리의 가람을 감상할 때 뒷산의 모습을 함께 보아야 하는 중요한 이유를 다시 깨닫게 된다.

내소사는 비록 깊은 산속에 있지만
매우 넓직하고 평평한 터를 잡았다.
따라서 전체적인 가람의 건물들은
수평적인 구성을 취하고 있다.
널찍한 대지와 뾰족한 뒷산에 대응되는
대조적 구성이다.

본 마당 앞에 놓인 봉래루의 지금 모습은 매우 어정쩡하다. 원래는 지금보다 1자 정도 낮아 이름만 누각이지 보통 1층 정도의 건물이었다. 경상도 사찰들에서 흔히 볼 수 있는, 누각 밑을 통과해 절 안으로 들어가는 이른바 '누하 진입'은 도저히 불가능한 건물이었다. 누하 진입의 방법은 경사지에 세워진 가람에 잘 어울리는 기법이다. 내소사와 같이 평지에서 누하 진입법을 쓰려면 누각의 1층 높이를 사람 키보다 높여야 하는데, 그렇게 되면 뒤편의 주요 법당보다 높아지는 기현상을 빚는다.

따라서 전라도 충청도 일대의 평지 사찰에서는 1층 강당들을 세우고 이름만 누각이라 불렀다. 지금의 내소사 봉래루는 일부러 1층의 기둥을 높여서 그 아래로 사람들을 통과하도록 억지를 부렸다. 그렇지만 잘못하면 머리가 닿을 정도니, 출입이 편해진 것도 아니다. 가람 전체의 수평적 공간감을 이 누각이 깨뜨리고 있다. 불과 10여 년 전에 바꾸어 버린 잘못이다. 또 승방인 설선당 안마당에 철골조의 구조물을 덮어서 우아한 승방의 분위기를 해치고 있다. 누각과 승방 모두 원상 회복을 하든가 더 좋은 방법을 찾아야 할 것이다. ▢

내소사 대웅보전 내부

누각이긴 하지만 사람이 지나다닐 정도는 아닌 봉래루.
본디는 지금보다 1자 정도 낮았다.
더 높으면 주 법당보다 높아지기 때문이다.
누각이라는 이름에 집착하다 보니
가람 전체의 수평적 공간감을 깨뜨리고 말았다.

마 곡 사

# 끊김과 이어짐의 절묘한 조화

충남 공주시 사곡면 운암리, 태화산(泰華山) 동쪽 산허리에 있는 마곡사의 정확한 창건 연대는 전해지지 않는다. 여러 가지 설이 있지만, 가람의 면모를 갖춘 것은 신라 말 보조 체징에 의한 것으로 추정된다. 그러다 고려 중기에 지눌에 의해 크게 중건됐다고 하니, 현재와 같은 남원과 북원의 이원 체제는 지눌의 중창 때 이루어진 것으로 보인다.

보조 체징의 초창 때에는 지금의 남쪽 가람인 영산전 일곽(남원)만 조성되었다. 남원이 먼저 조성됐다고 보는 이유는 여러 가지다. 남원은 4동의 건물이 기하학적으로 짜임새 있게 갖추어진데 비해, 북쪽 가람(북원)은 계속 확장된 흔적이 역력하다. 북원으로 가려면 북원의 뒤통수를 보며 길게 돌아 들어가야 하는 비효율적 접근로를 두고 있다. 남원이 먼저 자리잡았고 거기에 맞추어진 기존 진입로를 이용하다 보니 나타난 결과였다.

개울의 남쪽에는 영산전을 중심으로 한 가람이, 북쪽으로는 대광보전 중심의 가람이 별도로 형성돼 있다. 그러나 유심히 보면 북쪽 가람의 영역은 개울의 북쪽만이 아니라, 남쪽 영산전 영역의 일부를 포함하고 있음을 알 수 있다. 다시 말해서 영산전 영역 앞에 있는 해탈문과 천왕문은 북쪽 가람에 속하는 전각들이고 이 문들은 개울 건너 북쪽 가람과 관계를 맺는다. 개울에 의해 분리되었으면서도 공간적으로는 연속된 절묘한 구성인 것이다.

가람의 한가운데를 가로지르는 개울 때문에
남북 두 영역으로 나누어진 마곡사.
남쪽은 영산전을, 북쪽은 대광보전을 중심으로 한다.
두 영역으로 이루어진 가람이
마곡사만은 아니지만 가람 배치 방법만은
마곡사 고유의 특성이다.

무엇보다도 남원은 가람 배치에 안정된 지형체계를 갖추고 있다. 신라 말의 선사이자 한국 풍수의 비조인 도선 스님은 마곡사의 터를 이렇게 말했다 한다. "삼재가 감히 들지 못하는 곳이며, 유구와 마곡 두 냇물 사이의 터는 능히 천 명의 목숨을 구할 만 하다." 그 두 개울 사이의 터가 바로 영산전이 자리잡은 남원이다. 안산과 주산을 잇는 자연축과 영산전의 건축축은 정확하게 일치한다. 자연축과 건축축이 일치한다는 것은 지형체계가 교과서적으로 안정됐다는 것을 의미한다.

남쪽 가람 영역에 북쪽 가람에 속하는 해탈문과 천왕문이 들어서 있다.

반면 북원의 건축축은 자연축과 일치하지 않는다. 이미 정해진 진입로는 자연축(대웅보전의 뒷산의 방향)과 어긋나 있기 때문에 자연축을 따라 가람을 배치할 수 없었

영산전의 건축축은 자연축과 정확하게 일치한다.

다. 전체 대지의 동남쪽 귀퉁이에서 진입해야 할 형편이지만 주산은 서북쪽으로 치우쳐 있기 때문이다. 그러나 북원을 계획한 건축가는 지형의 약점을 오히려 기막힌 계획요소로 활용했다. 어차피 한쪽으로 치우칠 수밖에 없는 진입로를 적극 활용해 매우 입체적인 경관을 얻을 수 있었다.

북원의 입구인 해탈문의 위치도 주목할 필요가 있다. 해탈문은 영산전으로 이르는 입구를 바로 지난 곳에 자리잡았고, 영산전 방향과는 직각으로 놓여져 북원을 향하고 있다. 기존 영역의 진입로를 침범하지 않으면서도 새 진입로를 시작해야 하는 경계점에 해탈문이 위치한 것이다.

마곡사의 해탈문과 천왕문은
영산전을 중심으로 한 남원 영역에 서 있지만
성격은 북원에 속하는 건물이다.
비록 물리적으로는 개울 때문에 두 영역으로 나뉘지만
해탈문과 천왕문을 남원에 배치함으로써
절묘하게 두 영역을 하나로 통합해 낸다.

다리를 건너 북원에 이르면, 5층탑과 대광보전과 대웅보전은 정확한 일직선상에 놓인 것 같이 보인다. 이 장면에서는 치우친 진입로나, 서쪽으로 밀려들어간 건물들의 축선을 느낄 수 없다. 그러나 개울 건너편 국사당이 있는 언덕에서는 전혀 다른 경관이 구성된다. 모든 건물이 가장 뒤의 대웅보전을 위해 길을 열어둔 듯한 모습을 대할 수 있다.

마곡사의 가람 구조에서 가장 특이한 점은 가람 한가운데를 관통하여 흐르고 있는 개울이다. 그 때문에 마곡사는 개울을 경계로 남쪽과 북쪽에 2개의 가람이 자리 잡고 있는 것이다. 이런 모습은 대구 동화사나 의성 고운사와 같이 큰 사찰에서 자주 볼 수 있는 것이어서 마곡사만의 특징이라고는 할 수 없다. 그러나 구체적인 가람의 배치 방법은 다른 어떤 절에서도 찾아볼 수 없는 마곡사만의 독특함이라 할 수 있다.

왜 개울을 사이에 두고 두 가람이 만들어졌는가의 해답은 간단하다. 확장할 평지가 북원밖에 없었기 때문이다. 북원은 여러 가지로 불리한 입지였다. 기존 영역과는 개울로 단절될 수밖에 없었고, 지형의 체계도 건축에 그리 유리하지 않았다. 특히 기존의 진입로와는 반대의 방향을 가질 수밖에 없는 입지였다. 그러나 해탈문과 천왕문을 남원 지역에 세운다는 아이디어와 진입축과 지형축을 시각적인 장면으로 결합한 탁월한 솜씨로 인해 일체화된 가람으로 탄생할 수 있었다.

주어진 조건이 어려울수록 명건축이 탄생할 확률도 높아진다. 문제가 까다로우면 그것을 풀기 위해 여러 가지 궁리와 실험이 행해지기 때문이다. 마곡사는 불리한 지형을 오히려 창의적인 건축 공간으로 바꾸어 놓았다. 누구인지 알 수는 없지만 그 위대한 건축가에게 경의를 표한다. ▫

주어진 조건이

어려울수록

명건축이

탄생할 확률은 높아진다.

불리한 지형을 극복함으로써

창의적인 건축 공간을 이룬

마곡사의 북원.

해 인 사

# 변화무쌍한 공간의 멋

20세기에 나온 건축 선언 가운데 '건축의 주인은 공간이다'는 말이 있다. 조각과 건축이 다른 점은 인간이 사용할 수 있는 내부 공간을 갖는다는 점이다. 따라서 이 말은 생활 거의 대부분이 실내에서 가능하도록 한 서양 건축이나 현대 건축에 꼭 들어맞는 말이다. 그러나 한국의 전통 건축은 이와 다르다. 고찰의 대웅전도 20평이 채 안 되어, 실내에 들어갈 수 있는 인원은 불과 40~50명 정도이다. 하지만 대웅전 앞마당은 몇 백 명이 들어설 수 있는 넓이다. 기능적으로도 마당과 같은 외부 공간이 내부보다 쓸모가 있었다.

대부분 사찰 건물의 내부 공간은 비슷하다. 예를 들어 순천 선암사의 대웅전이나 부안 개암사의 대웅전은 시대적으로도, 규모로도, 형태적으로도 유사한 건물이다. 그러나 외부 공간은 사정이 다르다. 선암사 마당은 여러 전각들로 감싸진 아늑한 마당이다. 개암사는 아무 건물 없이 오로지 시원하게 터진 마당에 대웅전만 우뚝한 모습이다. 가람들은 물론이고 한국의 전통 건축물들을 특징있게 구별해 주는 것은 건물이 아니라, 건물들로 이루어진 외부 공간의 모습이다. 따라서 '한국 건축의 주인은 외부 공간이다'라고 말할 수 있다. 그만큼 한국 건축에서 중요한 것은 바로 외부 공간이라는 말이다.

내부 공간과 외부 공간의 중요한 차이는 지붕이 있는 공간인가 아닌가 하는 점이다. 외부 공간은 하늘을 지붕으로 삼는다. 지붕이 없는 공간을 의미한다. 따라서 내부 공간과는 다른 공간적 성격을 갖는다. '1:10 이론'에 의하면 내부와 외부의 공간적

일주문에서 바라본 해인사 진입부.
길 양쪽에 훤칠한 전나무, 자작나무들이 들어서
좁고 긴 진입 공간을 만든다.
이런 형태의 공간을
'복도형 공간'이라 부른다.

스케일 차이는 거의 10배에 달한다고 한다. 예컨데 3m짜리 방안의 공간감을 외부에서 느끼려면 30m 정도의 마당이 필요하다는 말이다. 그만큼 외부 공간은 넓은 크기를 필요로 한다.

팔만대장경판을 소장하여 법보 사찰로 유명한 가야산 해인사로 가보자. 우선 일주문부터 천왕문까지 전개되는 진입부가 인상적이다. 길고 곧게 펼쳐진 길의 양쪽에는 훤칠한 전나무, 자작나무들이 줄지어 서 있다. 이들 나무는 단순한 자연물이 아니라, 인공적으로 심어져 진입로의 공간감을 형성하는 나무들의

해인사 경판고에는 세계 문화 유산으로 등재된 팔만대장경판(국보 제32호)이 보관되어 있다.

벽이다. 이 벽들이 좁고 긴 진입 공간을 만들며, 이러한 형태의 공간을 '복도형 공간'이라 부른다.

구광루를 올라가면 대적광전 앞에 네모반듯한 마당이 펼쳐진다. 해인사의 중심 마당이면서 각종 법회와 행사가 벌어지는 곳이다. 대적광전과 누각, 승방들로 감싸진 이 마당은 외부라기보다는 '방 밖에 있는 방', 즉 반(半)내부적 마당이다. 한국 건축에서 가장 발달한 외부 공간의 전형적인 모습이며, 이처럼 정사각형에 가까운 외부 공간은 '방형 공간'이라 부른다.

최종적으로 가장 높은 곳에 있는 경판전으로 올라간다. 해인사의 경판고는 세계적 보물인 팔만대장경판(국보 제32호)을 보관하기 위해 지은 기다란 2개의 창고 건물이다. 대장경판뿐 아니라, 이 창고 건물 역시 보물(국보 제52호)이다. 그러나 2개의 건물 사이의 긴 마당 역시 국보급 마당이다.

대적광전 앞의 네모반듯한 마당.
해인사의 중심 마당인 이곳은
대적광전과 누각 승방들로 감싸진 '방 밖의 방'이다.
한국 건축에서 가장 발달한
외부 공간의 전형이다.
이처럼 정사격형에 가까운 외부 공간을
'방형 공간'이라 부른다.

어우러짐: 가람과 자연의 조화

우선 이 마당은 좌우 폭에 비하여 깊이가 얕다. 하늘에서 보면 가로:세로의 비례가 4:1이 넘는다. 보통 마당들이 정사각형에 가까운 것에 비하여, 이 마당은 옆으로 긴 이상한 형태이다. 그러나 이 이상한 마당이 있기 때문에 기다란 2개의 판전 건물이 효력을 발휘하는 것이다. 이 마당은 앞뒤의 판전을 산줄기로 삼아 인공적으로 만들어진 계곡이다. 계곡에는 골바람이 분다. 이 마당의 골바람은 판전 내부로 들어가 실내에 신선한 공기를 공급하여, 대장경판들이 습기에 부식되는 것을 막아준다. 또한 정방형의 '방형 공간'이나, 좁고 긴 '복도형 공간'에 익숙한 우리의 공간 감각을 여지없이 해체하면서 낯설고 충격적인, 그러나 안정되고 감동적인 공간을 제공한다.

가야산 해인사의 건축이 감동적인 이유는 건물들에 있지않다. 일주문, 천왕문은 어느 사찰에서나 볼 수 있는 것들이고, 대적광전은 짜리몽땅한 지붕을 가진 불완전 건물이며, 최근에 중건된 구광루는 우악스럽고 사납다. 그러나 하나하나의 외부 공간들은 완벽하게 구성된 공간의 진수를 맛보게 한다. 그러면서도 변화무쌍하다. 해인사는 진입로의 '복도형 공간', 주마당의 '방형 공간', 그리고 경판전의 '역(逆)복도형 공간' 등 다양한 모습의 마당을 가지고 있다. 해인사의 건축적 가치는 바로 여기에 있다. ▫

경판전 내부

판전을 산줄기로 삼아 인공적으로 만든 계곡 같은 마당.
계곡에서 부는 골바람은 판전 내부로 들어가
대장경판의 부식을 막아준다.
네모난 공간이나 좁고 긴 공간에 익숙한 우리의 공간감을
해체하면서 감동적인 새로운 공간을 제공한다.
이런 공간을 '역복도형 공간'이라 부른다.

III
넉넉함:
원융회통의
건축적 표현

화엄사
금산사
대둔사
옥천사
문수사
신원사

표충사는 임진왜란 때 승병을 이끌고 혁혁한 공을 세운 서산 대사 등 승병장들의 영정을 모시고 있는 사당이다. 부처나 보살이 아닌, 스님이라는 인격체에 대해 사당을 짓고 제사를 지내는 신앙 행위는 명백히 유교적인 관습이다. _____ 건물의 형식 또한 서원이나 향교의 사당과 유사하다. 긴 담장에는 유교적 주술문자들이 새겨져 있고, 가운데의 솟을 문은 영락없는 유교 사당의 정문이다. 어찌하다 이런 일이 생겨났을까?

→ 101쪽_ 대둔사 표충사 _ 불교의 포용력 상징하는 가람 속 사당

공존하기 어려운 것의 공존.
그것이야말로 최고의 조화가 아닐까.
주불전이 둘(각황전, 대웅전)인 화엄사는
그러한 조화의 구체물이다.
커다란 각황전과 그보다 작은 대웅전이
같은 크기로 보이는 것도
입구 위치의 건축적 고려에 의해서다.

화 엄 사

# 절묘한 공간
# 활용으로 이룬
# 화합의
# 정신

지리산 화엄사는 건축적으로 매우 특이한 사찰이다. 544년(신라 진흥왕 5) 연기 조사가 창건했다고 한다. 화엄 10찰 중 제1사찰인 이 절의 주불전은 둘이다. 각황전(국보 제67호)과 대웅전(보물 제299호)이 바로 그것이다. 그 둘은 하나의 마당을 감싸며 직각 방향으로 서 있다.

의상 대사가 창건했다고 전하는 각황전은 원래 장육전이라고 불리었는데, 거대한 비로자나불을 모시고 있는 3층의 대전각이었다고 전한다. 실내에는 돌로 벽을 두르고 그 위에 화엄경을 새겨서, 돌벽 주변을 돌면서 화엄경을 읽을 수 있도록 장치했다. 틀림없는 화엄 신앙의 건물이었다. 반면 대웅전에는 석가모니불이 모셔져 있고 지어진 연대도 각황전보다는 4세기경 뒤라고 추정된다. 대웅전은 법화 신앙의 소산이며, 각황전의 화엄 신앙과 하나의 마당을 감싸며 서로 마주 보고 있는 형상이다. 임진왜란 때 불타 없어진 후 다시 지어진 현재 각황전은 규모가 큰 2층 건물이다. 반면 대웅전은 각황전보다 작은 단층 건물이다.

건물의 격식과 규모로만 본다면, 각황전이 단연 화엄사의 주불전이다. 교리적으로도 화엄 신앙의 각황전이 화엄종 사찰인 화엄사의 주불전이 되는 것이 당연하다. 그러나 대웅전은 마당의 정면에 놓여졌고 각황전은 마당의 한쪽 끝에 놓여져 위치적으로는 대웅전이 주불전의 자리에 앉았다. 규모로 보면 각황전이 위치로 보면 대웅전이 주불전이다. 2개의 중심 전각이 존재하는 셈이다.

화엄10찰 중 제1찰인 화엄사의 주불전인 각황전.
화엄 신앙의 주불인 비로자나불을 모시고 있다.
원래 장육전이라 불리었으며
3층 규모의 큰 건물이었으나 임진왜란 때 불탄 후
2층 규모의 각황전으로 다시 지어졌다.

화엄사의 중심 마당에 오르려면 보제루의 동쪽 끝을 돌아야 하는데, 여기서 보이는 광경이 바로 화엄사의 주된 표정으로, 이상한 현상을 목격하게 된다. 커다란 각황전과 작은 대웅전의 크기와 높이가 거의 같게 보인다는 점이다. 여기에는 약간의 트릭이 있다. 입구로부터 각황전은 멀리 떨어져 있고 대웅전은 가깝다. 또한 석단 위에 건물들이 앉았는데, 각황전은 석단에서 멀리 물러 앉았고 대웅전은 가깝게 앉아 있다. 이러한 건축적 장치를 통해서 각황전과 대웅전은 그 절대적 크기와는 무관하게 상대적으로 같은 크기로 보이며 동등한 중심 전각의 위상을 갖게 된다. 왜 이같이 했을까? 이에 대한 답은 화엄사의 역사에 숨어 있다. 원래 화엄사는 절 이름과 같이 화엄종의 중심 사찰로 창건되었다. 그리고 현 각황전 자리에 장육전을 짓고 중심 전각으로 삼았다. 이때만 해도 아직 대웅전은 세워지지 않았다. 그리고 장육전 앞에는 一자 석축만 쌓고, 그 아래 마당에 하나의 탑을 세웠다. 지금의 화엄사 동탑이다. 이처럼 창건시에는 1금당 1탑 형식을 취하고 있었다.

가람 구조에 변화가 생긴 것은 고려 초기라고 추정된다. 통일신라 말, 이른바 후삼국시기에 화엄종은 두 파로 갈리게 된다. 해인사를 중심으로 한 북악파는 왕건의 편에 서서 고려 건국의 승리자가 되고, 화엄사를 중심으로 한 남악파는 견훤의 편에 섰다가 패배자가 되고 만다. 남악파의 중심이었던 화엄사는 이때 주인이 바뀌어, 더 이상 화엄종의 사찰이 아니라 법화 신앙 계열(혹은 선종 계열)의 사찰로 소속이 변화한다. 법화 신앙계 가람은 흔히 쌍탑식 형식을 선호한 것으로 알려져 있다. 예컨대 불국사 대웅전 앞 마당의 다보탑과 석가탑은 법화경에 나오는 석가모니불과 다보여래를 형상화한 것으로, 법화 신앙의 중요한 장면을 재현한 것이다. 따라서 기존의 동탑과 나란히 서탑을 세워 쌍탑 형식을 완성했다. 현재 본 마당에 있는 쌍탑은 동시에 세워진 것이 아니라, 동탑이

각황전 뒤에서 바라본 화엄사 전경

통일신라 말 후삼국 격변기에
견훤의 편에 섰다 패배자가 된 화엄사는
법화 도량으로 바뀐다.
이로써 대웅전이 들어서고 주불전이 둘이 되었다.
신앙의 성격이 바뀌었지만
옛 전통을 존중한 옛 스님들의 겸손과 지혜로
오늘과 같은 조화를 이루게 됐다.

단독으로 세워진 후, 150년 후 쯤에 서탑이 추가된 것이다. 자세히 비교하면 두 탑의 차이를 알 수 있다.

또한 법화 신앙의 상징 불전인 대웅전을 세워서 가람의 중심 전각으로 삼을 필요가 있었다. 가장 간단한 방법은 기존의 장육전을 없애고 그 자리에 대웅전을 신축하는 것이었다. 그러나 장육전은 없애기에는 너무나 장중하고 중요한 전각이었다. 따라서 장육전의 자리를 피해 새로운 자리에 대웅전을 세울 필요가 있어서, 현재의 자리를 골랐다. 가람의 주 진입 방향도 현재와 같이 바꾸었다. 원래는 현재 승방이 있는 동쪽 계곡에서 올라오던 것을, 지금과 같이 계곡을 타고 남쪽에서 오르도록 변경했다. 이렇게 되면 위치상으로 대웅전이 가람의 중심이 되게 된다. 또한 대웅전 앞에 새로 추가된 서탑은 자연스럽게 대웅전 소속이 되어, 각황전의 동탑과 대웅전의 서탑 구도가 완성되고, 기존의 1탑 1금당식 화엄 사찰의 건축적 형식을 그대로 유지하면서, 대웅전은 쌍탑이라는 법화 신앙의 가람 형식을 성공적으로 구현할 수 있었다.

동탑

종파와 교리가 바뀌었지만 과거의 형식을 존중하여 보존했다. 그리고 그 위에 새로운 형식을 추가했던 옛 스님들의 겸손과 지혜야말로 한국 불교의 역사를 아직도 지속시키고 있는 근본적인 힘이 아닐까? 화엄사 앞마당에 설 때마다 감사할 수밖에 없는 건축적 장면이요, 역사의 증명이며, 교리적 화합이다. ▫

서탑

금산사의 중심 불전인 미륵전과 대적광전.
대적광전은 수평성을
미륵전은 수직성을 강조하고 있지만
두 건물 사이에 솟은 언덕이
두 극단을 융합시키고 있다.

금산사

# 수평과
# 수직의
# 어우러짐


호남선을 달리다가 충청남도와 전라북도의 만경평야나 김제평야를 지나게 되면, 낮은 능선과 넓은 들판이 시원하게 펼쳐지는 경관을 만나게 된다. 이곳은 옛 백제의 중심지로서 이른바 '산도 들도 아닌(非山非野)' 독특한 지형을 이루고 있다. 아마도 한반도에서 유일하게 지평선을 볼 수 있는 곳일 것이다. 험준한 산악과 깊은 골짜기가 많은 경상도(옛 신라 지역)와는 대조적이다.

우선 좋은 건축이란 땅의 생김새를 잘 이해하고 지형에 잘 들어맞는 건축이다. 물론 좋은 땅을 고르는 기술도 뛰어나야 하겠지만, 아무리 불리한 조건의 땅이라 하더라도 좋은 건축가는 땅의 약점들을 치유할 만한 실력을 발휘할 수 있다. 또한 이 점은 한국 풍수의 핵심이기도 하다. 자연 친화력이 강한 한국 건축은 땅의 형상을 떠나서 생각할 수 없다.

백제나 신라시대의 건축물들은 모두 사라져서 정확한 모습을 알 길이 없지만, 이 지역 땅의 생김새를 자세히 들여다보면 대략의 윤곽을 상상할 수 있다. 한국 건축물은 그 땅의 모습을 닮았기 때문이다. 김제의 금산사는 지금 한반도에서도 몇 손가락에 꼽을 만한 대가람이다. 과거 전성기 때는 대사구·광교원·봉천원이라는 3개의 영역으로 이루어졌고, 각 영역에는 수십 동의 건물들이 있었던 것으로 전해진다. 현재의 가람은 대사구 영역에 불과하고, 다른 두 영역의 건물들은 다 없어져서 희미한 흔적만을 남기고 있다. 그렇지만 현재의 금산사도 10여 동의 우람한 건물들로 이루어진 대사찰이다.

1986년 실화로 불탄 뒤 다시 복원한 대적광전.
옛 모습 그대로 복원한
정면 7칸 측면 4칸의 길다란 팔작지붕 건물이다.
2단의 낮은 기단과 수평성 강조는
평퍼짐한 뒷산과의 관계를 고려한
자연 친화적 사고의 결과다.

599년(백제 법왕1)에 창건된 금산사는 모악산 기슭의 넓은 평지에 자리잡고 있다. 따라서 해인사나 부석사와 같은 경상도 사찰들에서 볼 수 있는 변화무쌍한 지형의 변주는 발견할 수가 없다. 주요한 건물들이 놓여 있는 자리는 거의 높이 차이가 없는 평지이기 때문이다. 가람에는 중요한 불전과 법당들의 위계가 정해져 있다. 어떤 건물은 중요하기 때문에 강조가 되어야 하고, 어떤 건물은 중요도가 떨어져 약식으로 처리되기도 한다. 중요한 건물은 중심되는 위치에 자리잡고, 덜 중요할수록 외곽에 자리를 잡는다. 경사지에 세워진 사찰이라면 높은 곳에 중심 건물을 위치시켜서 그 중요도를 강조할 수 있지만, 금산사와 같은 평지 가람에서 중심 건물을 강조하기는 쉽지가 않다.

이 절에는 미륵전(국보 제62호)과 대적광전이라는 빼어난 건물들이 있다. 미륵전은 국내에 현존하는 사찰 건물 중 유일의 3층 건물로서 그 희귀함을 자랑하고 있지만, 대적광전은 1986년 불에 타버린 것을 다시 복원한 것으로 품격이 떨어진다. 그렇지만 불타기 이전의 것을 고증한 정면 7칸의 길다란 건물이다. 미륵전이 좁고 높은 수직적 형상이라면, 대적광전은 넓고 낮은 수평적 모습으로 대조를 이룬다. 특히 두 건물의 기단

대적광전의 비로자나불

미륵전의 미륵불

들에 주목할 필요가 있다. 두 건물 모두 기단을 낮은 2개의 단으로 쌓아 기단의 높이감을 줄이고 있다. 대적광전의 형상도 수평적이지만 높지 않은 기단을 그나마 둘로 나누었기 때문에, 건물은 아예 대지에 밀착된 듯한 느낌을 준다. 또 수직적인 미륵전 역시 기단의 높이감을 줄였기 때문에, 마치 땅에서 불쑥 솟아난 건물같이 보인다. 두 건물은 전혀 다른 감각의 건물로 보이지만, 이처럼 땅과의 관계에는 공통점이 있다.

국내에 현존하는 유일의 3층 건물로
미륵불을 봉안한 미륵전(국보 제62호).
배경 산이 없어서 수직성이 더욱 돋보인다.
수평성을 강조한 대적광전과 대조적인 모습으로
서로를 강조하고 있다.
평지라는 지형적 난점을 훌륭하게 극복하고 있다.

누각인 보제루를 들어서면 정면에는 옆으로 길쭉한 대적광전이, 그 오른쪽에는 대적광전과는 직각 방향으로 놓인 3층의 미륵전이 우뚝하다. 2개의 중심 건물들이 하나는 수평성, 다른 하나는 수직성을 강조하며 자리잡은 것이다. 그런데 유심히 관찰하면 두 건물 사이에는 송대라는 낮은 언덕이 솟아 있음을 알 수 있다. 다시 말하면, 송대라는 자연 지형이 중심이고 그 좌우로 대적광전과 미륵전을 거느리고 있는 형상이다. 미륵전은 미륵불을 모신 미륵 신앙의 전당이고 대적광전은 비로자나불을 모신 화엄 신앙의 표상이다. 766년(신라 혜공왕 2) 진표 율사가 미륵불의 수기를 받고 중수 확장할 때는 미륵전이 중심 불전으로 역할했지만, 후대에 화엄 신앙이 습합되면서 대적광전이라는 또 다른 중심 불전이 들어선 가람으로 바뀐 것이다. 그러나 두 건물 모두 중요했기 때문에 수평과 수직이라는 대조적인 방법으로 서로를 강조한 것이고, 이 두 극단들을 송대라는 자연 지형이 융합시키고 있다.

대적광전의 뒷산은 낮고 펑퍼짐하게 펼쳐져 있다. 뒷산의 모습이나 그 앞에 놓여진 대적광전의 수평적인 모습이 서로 닮았다. 반면, 3층 미륵전 뒤에는 가까운 배경산이 없어서 독자적인 수직성이 더욱 돋보인다. 이 역시 지형을 닮은 것이다. 두 건물 모두 평지라는 지형상의 난점을 훌륭하게 극복한 성공적인 작품들이다. 이런 기법을 '평지성'이라 부를 만하며, 옛 백제 지역에 세워진 유서 깊은 가람들에 공통적으로 나타나는 경향들이다. _ ▢

임진왜란 때 승병을 이끌고 혁혁한 공을 세운
서산 대사 등 승병장들의 영정을 모시고 있는 표충사는
대둔사라는 불교 사찰에 있을 수 없는 유교 건축이다.
이는 불교의 포용성에
한국의 특수성이 결합된 형태다.

대둔사 표충사

# 불교의
# 포용력
# 상징하는
# 가람 속
# 사당

한반도의 남쪽 끝인 해남쪽 땅 두륜산 밑에는 대단히 큰 가람이 자리잡고 있다. 한때 대흥사라고도 불리운 대둔사다. 546년(신라 진흥왕 7) 진흥왕이 어머니 소지 부인을 위해 창건했다고 전하는 이 절은 규모가 클 뿐 아니라 가람의 구성도 아주 특이하다. 대둔사는 남원과 북원, 표충사와 대광명전 영역 등 모두 4개의 건물군으로 구성된다. 4개의 건물군들은 모두 떨어져 있고, 표충사와 대광명전 영역은 아예 숲속에 호젓이 자리잡아 초행자들은 찾아가기도 어렵다.

표충사는 임진왜란 때 승병을 이끌고 혁혁한 공을 세운 서산 대사 등 승병장들의 영정을 모시고 있는 사당이다. 부처나 보살이 아닌, 스님이라는 인격체에 대해 사당을 짓고 제사를 지내는 신앙 행위는 명백히 유교적인 관습이다. 따라서 대둔사의 표충사 일곽은 불교 건축에 있어서 안될 유교 건축이다. 건물의 형식 또한 서원이나 향교의 사당과 유사하다. 긴 담장에는 유교적 상징문자들이 새겨져 있고 가운데의 솟을문은 영락없는 유교 사당의 정문이다. 어찌하다 이런 일이 생겨났을까?

인도에서 출발하여 중앙 아시아를 거쳐 북중국과 한반도까지 이어지는 실크로드 상의 불교 유적들을 연구하면 한 가지 불만이 떠오른다. 각 지역의 사찰 건축 양식이 너무나 달라서 쉽게 이해할 수도 없고 한 가지 결론도 명쾌하게 내리기가 쉽지 않다.

성리학적 이상을 통치 이념으로 삼았던
조선 시대는 한국 불교의 암흑기였다.
이러한 위기상황에서
불교의 포용력은 대단한 힘을 발휘한다.

이른바 소승불교의 전파로라는 동남아시아의 불교 사원들을 가보면 더욱 혼란스러워진다. 북방계 불교 건축과 어떤 유사성도 발견하기 어렵기 때문이다. 심지어는 국제적 통일성이 없는 것을 불교 예술의 특징이라고 정의하기까지 한다. 교리적 문제도 매우 융통성이 있다. 경전에도 나온다. "각 지역의 신과 신앙을 존중하라"고.

석존 때부터 불교의 교리는 전통적인 인도의 토착 신앙과 결합해 왔다. 예컨대, 인드라신 등 천신사상은 고대 인도 바라문교의 신앙을 불교화한 것이다. 중앙 아시아를 거치면서 명왕 신앙을 습합하는가 하면, 중국에 와서는 도교의 칠성 신앙을 받아들여 가람 내에 칠성각 등이 건립되기도 했다. 한반도에 상륙한 불교는 발생 당시의 불교가 아니라, 중앙 아시아와 중국을 거치면서 변화되고 다양화된 종합 불교였고, 한반도에서는 단군 신앙에서 연유된 산신 신앙까지 습합하여 가람 내의 중요한 장소에 산신각을 세웠다. 산신각의 존재는 한국 불교만의 고유한 특징이라 할 수 있다. 일본의 사찰들에도 내부에 토착적인 신사를 함께 가지고 있는 것을 보면, 심자들은 불교의 종교적 정체성이 무엇인가 의심을 가질 만하다. 그러나 그만큼 너그러운 포용력과 자신감이 있었기 때문에 토착 신앙들을 흡수할 수 있었고, 국제적 거대 종교로 성장하면서도 기존 사회와 충돌하지 않았으며, 오히려 그 지역의 주도적 종교로 성장할 수 있었던 것이다.

성리학적 이상을 통치 이념으로 삼았던 조선시대가 되면, 한국 불교는 극심한 탄압으로 존폐의 위기에 놓이게 된다. 고려시대의 불교적 전통만을 고수한다면, 교단은 물론 개개의 사찰마저 사라져 버릴 환경이 되었다. 이러한 위기의 시대에 불교의 포용력이 유감없이 발휘된다. 서산 대사는 선교 합일은 물론, 유·불·선 삼교의 통합 이론까지 제창했다. 이미 세속의 사상과 풍속이 유교화된 시대에 어쩔 수 없이 유교를 포용하려는 노력을 불교의 변질로 보는 시각도 있을 수 있다. 그러나 중생을 교화하고 구제하려는 대승적 목표를 생각한다면 사회와 유리된 불교란 무의미하다. 따라서 서산 대사의 삼교합일 노력은 불교 자체의 생존 전략일 뿐 아니라, 유교 사

표충사에 봉안된 서산 대사(左)와
그의 제자 사명(中)과 영규(右)의 영정.
서산 대사는 선교 합일은 물론
유불선 삼교 통합 이론까지 제창했다.
유교화 사회에서 불교의 생존 전략인데다
중생 구제라는 대승 불교의 목적을
이루기 위한 방편이기도 했다.

회에서 중생 구제라는 불교의 존재 목적을 적극적으로 구현하는 방편이기도 했다. 임진왜란 때 전국의 사찰에서 궐기한 승병 활동 역시 나라에 대한 충성이라는 유교적 가치관에 부합한 거사였다. 임진왜란 이후에 만연하기 시작한 선사들에 대한 유교적 제사 행위는 이러한 시대적 상황에 적극적으

표충사 외삼문

로 부응한 불교의 변화였다. 가람 안에 스님들의 사당이 마련되는가 하면, 밀양 표충사에는 아예 유학을 가르치던 서원까지 옮겨와 자리를 잡았다. 속리산 법주사에는 왕실의 여인을 제사하는 사당을 건립함으로써 원당으로 지정받아 국가의 보호를 얻어내기도 했다. 대둔사는 삼교합일을 주장한 서산 대사의 사리와 의발이 봉안된 성지요, 한국 선가의 굵은 맥을 잇고 있는 종찰이다. 여기에 유교적 냄새가 물씬한 표충사 건물이 있는 것은 오히려 당연하게도 보인다.

조선시대의 유불 합일설이 어쩔 수 없는 시대적 교리였다고 한다면, 현재 불교가 포용해야 할 대상은 무엇일까? 기독교로 대표되는 서양 외래 사상은 아닐까. 종교 자체의 존립을 무색하게 하는 거대 자본주의라는 괴물은 아닐까. 21세기에는 불교만이 가질 수 있는 넓은 도량이 다시 한 번 요구된다. 그렇지 않으면 우리 사회의 통합과 구원은 이루기 어렵다. ▭

연화산 자락에 둘러싸인 옥천사 전경
흔히 조선 후기를 불교의 쇠락기로 여기고
사찰 건축 또한 거의 이루어지지 않았거나
보잘 것 없을 것으로 평가하기 쉽다.
그러나 현존 불교 건축의 95% 이상은
임진왜란 이후의 것으로
조선 후기는 불교 건축의 또 다른 융성기였다.

옥 천 사

# 살아 있는 통불교 박물관

경상남도 고성군 개천면 북평리, 연화산의 연꽃잎 같은 산자락으로 둘러싸인 거대한 사찰이 있다. 676년(신라 문무왕 16) 의상 대사가 창건한 화엄10찰의 하나인 옥천사다. 그러나 화엄10찰의 하나인 옥천사의 후예라는 주장하는 사찰은 청도 용천사 등 여기 말고도 여러 곳이다.

고성 옥천사의 창건 역사가 사실이든 아니든, 이 절의 건축적 중요성은 그 방대한 규모에 있다. 중심을 이루는 대웅전 뒤로 명부전·팔상전·나한전·조사당·산신각·칠성각 등 한국 사찰에 있는 거의 모든 전각들이 망라돼 있다. 적묵당, 탐진당, 취향전 등 지금 남아 있는 승방들도 대단하지만, 과거 전성기 때는 12방사가 있어서 수백 명의 승려들이 거처하던 대규모 사찰이었다. 현재도 15동의 건물들이 좁은 절터에 빼곡히 자리잡고 있다. 이처럼 대규모의 사찰은 전국적으로 흔치 않다. 그럼에도 불구하고 인근 주민들 외에는 널리 알려지지 않은 것이 신기할 정도다.

이곳은 임진왜란 때 유명한 진주성 싸움의 배후 기지였고, 여느 사찰이나 마찬가지로 전쟁 통에 모두 불타버려 그 이전의 건축적 흔적은 찾아보기 어렵다. 현재 남아 있는 건물들은 모두 7번째 중창인 1644년 이후의 것들이다. 흔히 조선 후기는 불교의 쇠락기로 여기기 쉽고, 따라서 이 시기의 불교 건축은 거의 이루어지지 않았거나 보잘 것 없다고 평가하기 쉽다. 그러나 현존 불교 건축의 95% 이상은 모두 임진왜란 이후의 것으로 조선 후기는 불교 건축의 또 다른 융성기였다. 물론 불교시대인 고려조와는 비교하기 어렵지만, 어려운 여건 속에서도 불교계에서는 자발적인 노력

대웅전 중심의 상단 전각들

중단신앙 전각들

하단신앙 전각들

팔상전

나한전

문수전

산신각

독성각

옥천각

옥천사는
살아 있는 통불교의 건축적 박물관이라 할 정도로
한국 사찰에 있는 거의 모든 전각들이 망라돼 있다.
대웅전을 중심으로 명부전·팔상전·나한전·산신각·칠성각 등
조선 후기 불교의 통불교적 양상을
고스란히 반영하고 있다.

으로 많은 가람과 불전들을 재건했었다. 고성 옥천사는 그 대표적인 사례이다. 흔히 조선 후기의 불교는 종파도 교단도 없고, 계통적인 법맥도 찾기 어려운 통불교적인 성격이 강했다고 한다. 조계종이니 화엄종이니 하는 종파는 물론, 교종과 선종의 차이도 없을 정도로 모든 교리와 신앙들이 혼합된 양상이었다. 그만큼 불교를 둘러싼 사회적 여건들이 극한적으로 어려웠다는 증거이기도 하다. 따라서 사찰 내에는 대중적인 모든 신앙들이 수용될 수밖에 없었고, 그래야만 몇 안 되는 인근 신도들의 신앙적 욕구를 충족시키면서 사찰의 면모를 지킬 수 있었다.

이러한 통불교적 양상을 옥천사만큼 건축적으로 보여주는 곳도 드물다. 여기에는 법화 신앙을 비롯해서, 정토 신앙, 영산 신앙, 민간 신앙 등이 혼재되었고 심지어는 우물의 용신 신앙까지 습합한 옥천각도 세워졌다. 이러한 여러 신앙들은 나름대로 체계를 가졌다. 그것을 간단히 부처급을 신앙하는 상단 신앙, 보살급의 중단 신앙, 그리고 민간 차원의 잡신들을 위한 하단 신앙으로 정리해 볼 수 있다.

상단, 중단, 하단의 신앙을 위해 세워진 전각들 또한 공간 위계를 갖는다. 상단의 대웅전이 가장 중심부에 위치하고 중단신앙인 명부전·팔상전·나한전들이 그 주위를 둘러싼다. 더 멀리에는 하단신앙 전각들인 칠성각·산신각·독성각·옥천각이 작은 규모로 감싸고 있다. 옥천사는 살아 있는 통불교 신앙의 건축적 박물관인 것이다.

조선 후기에 불교의 융성이 어느 정도 용인되었다고는 하지만, 여전히 조선 사회의 지배 사상은 유교였고 불교는 아녀자나 서민들의 종교일 뿐이었다. 또한 스님들은 도성에 출입조차 금지된 불가촉민의 신분이었다. 더욱 불교계를 괴롭힌 것은 지방 관청과 토착 양반들의 수탈이었다. 사원 소속의 농토에서 나오는 산물에 대해 과중한 세금을 물어야 했음은 물론이고, 산성이나 도로 공사에 승려들이 빈번히 차출되기도 했다. 뿐만 아니라 미투리나 한지 생산을 떠맡아 산중 승려들은 과중한 노역에 시달리다 못해 관청에 탄원을 하는 한편, 도망가는 사례까지 속출했다.

옥천사의 건축적 특성은
통불교적 성격을 띠고 있는 것뿐 아니라
지극히 폐쇄적인 구성을 하고 있다는 점이다.
토착 양반들의 패악에 대처하는 방편으로
자급자족을 실현하면서
승려 중심의 산중 수도원 행태를 지향하여
자연스럽게 그러한 가람 구조를 이루었을 것이다.

토호 세력인 양반들은 무단으로 사찰 경내에 들어와 술과 안주를 요구했고 스님들을 괴롭혔다. 심지어 말을 타고 대웅전 앞까지 들어오는 무례를 서슴지 않았다. 이 시기 가람들 앞에는 누각을 세워 양반들의 침입을 막았을 정도였다. 이러한 수탈 속에서 사찰이 살아남는 방법은 조직화된 수도 생활뿐이었다. 모든 것을 자급자족하면서 가급적 외부의 침입으로부터 안전하도록 건물들을 방어적으로 지을 수밖에 없었다. 옥천사 7칸짜리 자방루의 지극히 폐쇄적인 모습이나, 입구를 적묵당 부엌으로 왜소하게 만든 이유도 그렇고, 이 문을 통하지 않고는 외부에서 들어올 수 없는 구조도 그렇다. 건물들의 수량과 규모에 비해서 마당의 크기가 작은 이유도, 외부의 신도들은 많지 않고 오로지 경내의 스님들만 기거하는 산중 수도원의 조직이었기 때문이다.

옥천사는 통불교의 박물관일 뿐만 아니라 조선조 불교의 수도원적 분위기를 고스란히 간직하고 있다. ▫

건물들의 규모에 비해 마당의 크기가 작을 수밖에 없었다.

문수사는 전북 고창군 고수면에 있는
해발 620m의 추령산 중턱에 숨어 있다.
여느 절에서는 보기 힘든 문수보살을
단독으로 보신 문수전이 있다.
소박하고 자유로운
건축 이미지에 어울리는 서민적 풍모의 스님에게서
색 다른 감동을 느꼈던 절집이다.

문 수 사

# 민중의
# 얼굴을 한
# 보살

1987년 무척 더웠던 여름날, 자동차 길도 없어 땀을 뻘뻘 흘리며 가파른 산길을 올라 어느 깊은 산사에 겨우 도착했다. 일단 절에 도착하면 주지 스님부터 찾아 사찰의 역사와 창건 연기에 대해 듣는 것이 먼저 할일이었다. 그런데 그 절에는 스님은 한 분도 안 보이고 늙은 보살 한 분만 계셨다. 너무나 깊은 산골이어서 스님조차 안 계시는가 실망하던 차였다. 그러던 중 절 한 귀퉁이에서 밀짚 모자를 쓴 농사꾼 아저씨 한 사람이 땀을 씻으며 나타났다. 막 농사일을 끝내고 올라온 듯, 가랑이 한쪽을 접어올린 베 잠뱅이와 텁수룩한 얼굴은 영락없이 절 땅을 돌보는 머슴이었다. 스님이 어딘 계신가 물으니, 조금만 있으라 하면서 요사채(寮舍)로 사라졌다. 잠시 후 승방 문이 열리고 어디선가 주지 스님이 나타났는데, 자세히 보니 바로 조금 전에 만난 농사꾼이었다.

스님의 말씀인즉, 한국 불교는 신도들에게 일방적으로 받기만 하는데, 그 절의 가난한 농사꾼 신도들에게는 받을 것도 없지만 이제는 주어야 할 때다. 그래서 절 농토를 이용해서 절 아래 마을 주민들과 새 영농 기술을 개발하면서 공동 경작 중이라는 것이다. 스님을 만나기 전에 건물들을 유심히 살펴보았는데, 일정한 격식이나 화려함보다는 민중적인 소박함과 일상적 자유로움이 돋보이는 건축이었다. 그 건축적 이미지와 주지 스님의 서민적 면모가 오버랩 되면서 깊은 감동을 받았다.

그 절이 문수사였다. 전북 고창군 고수면에 있는 해발 620m 높이의 추령산은 일명 문수산이라고도 불리우고, 그 산 중턱에 문수사가 숨어 있다. 문수사의 건축은 예사 절집들과 여러 측면에서 차이가 난다. 우선 가람의 영역이 좁아서 입구 진입로가 사

여느 사찰과 달리
주전인 대웅전 뒤편에 문수전이 자리해 있다.
그만큼 문수전이 중요하다는 뜻이다.
백제 땅에 신라 스님인 자장 스님이
창건주라는 믿기 힘든 기록도 자장 스님과
문수신앙의 친연성에
기인한 것이리라.

찰의 옆구리를 치고 올라가는 꼴이 되었다. 운치있는 계단길을 오르면 작은 대문이 나오고, 대문을 들어서면 강당인 만세루가 오른쪽으로 비스듬히 서 있다. 진입로의 정면에는 오히려 한산전이라는 대방채가 놓여졌는데, 중국의 그 유명한 한산습득 고사에서 온 승방 이름이다. 중심 영역은 만세루 너머 작은 안마당을 중심으로 전개된다. 대웅전과 명부전이 안마당을 감싸는 구성도 예사롭지 않지만, 가장 특이한 것은 대웅전 바로 뒤에 놓인 문수전이라는 작은 건물이다. 문수전은 물론 문수보살을 모신 곳인데, 수많은 사찰 중에서도 문수보살을 단독으로 모신 경우는 이 절 말고 아직 발견하지 못했다. 그 위치도 특이하다. 대웅전은 가람 내에서 최고의 주불전이다. 그 바로 뒤에는 특별히 중요한 — 대웅전보다 중요한 의미가 있는 — 전각들만이 놓일 수 있다. 아니면 모두 비껴서 대웅전 뒤쪽 좌우에 위치하게 된다. 그런데 문수사에서는 문수전이 대웅전 바로 뒤편에 위치한다. 그만큼 문수전이 중요한 건물이라는 뜻이다.

문수사는 643년(신라 선덕여왕 12) 자장 율사가 창건한 곳이라 전한다. 자장 스님은 중국 오대산(청량산)에서 문수보살을 친히 뵈었다. 그는 문수보살을 다시 친견하는 것이 소원이어서, 귀국한 후에도 강원도의 한 산을 골라 오대산이라 이름을 붙여 문수보살의 주처를 삼을 정도였다.

자장 율사가 귀국하면서 추령산을 지나게 되었는데, 그 생김새가 중국의 오대산과 너무 유사해서 이 산의 석굴에서 지성으로 기도를 드렸다. 7일 만에 땅속에서 문수보살상이 솟아올라, 여기에 절을 짓고 문수사라 했다는 사적기의 기록이다. 그러나 당시 이곳은 신라의 적국인 백제 땅이어서, 신라의 국통인 자장 율사가 창건했다는 사실은 믿기 어렵다. 자장과 문수보살의 친근한 관계 때문에 구전된 창건연기일 것이다.

문수보살은 어떤 분인가? 중생들에게 지혜를 주는 분이다. 관세음보살이 중생들의 아픔과 소원을 들어주는 분이라면 문수보살은 그 고통을 해결할 현명함을 주시는

지혜의 상징인 문수보살도
이곳 문수사에서는 지극히 민중적인 모습이다.
조선 후기에 조성된 것으로 보이는데
민중층에 의지할 수밖에 없었던
조선 불교의 당시 형편을
가감없이 반영하고 있다 하겠다.

분이다. 그리고 도를 실천하기 위한 용맹을 주는 분이다. 이 지적인 보살은 원래 귀족적 풍모가 강했다. 조선시대에 오면서 불교의 주 신도층을 구성했던 농민들은 지식인적인 문수보살보다 대중적인 관세음보살에게 더 큰 의지를 했고 관세음을 위한 원통전이나 관음전은 지어졌지만, 문수전은 극히 드물게 되었다.

그러나 문수사의 문수보살님은 지적인 풍모와는 거리가 멀다. 사람 키 정도의 높이인데 얼굴이 전체의 1/3 쯤 차지하니, 요새 말로 틀림없이 큰바위 얼굴이다. 또 두리뭉실한 상호는 지식보다는 덕이 많은 큰스님과 같은 얼굴이다. 이 불상은 아무리 보아도 조선시대 후기 작품이 확실하다. 민중층을 의지할 수밖에 없었던 조선시대 불교에서는 이지적인 문수보살마저도 민중의 모습을 하지 않으면 안 되었던 것이다.

정면 3칸, 측면 1칸의 작은 건물인 문수전의 입구는 측면에 뚫렸다. 문수상이 건물의 정면이 아니라 측면을 바라보고 있기 때문이다. 한국 건축에서 측면에 입구를 두는 경우는 극히 드물다. 동네 어귀에 있는 상여집이나 당집 정도에서 볼 수 있는 패턴이다. 건물마저도 민중적인 형식이다. 문수사의 가장 중요한 위치에 자리한 이 문수보살님은 가난한 신도들의 소원을 이루어 주는 중요한 대상이었을 것이다. — □

문수사 문수전은 파격적으로 측면에 입구가 있다. 문수상이 건물의 측면을 바라보고 있기 때문이다.

신원사는 갑사나 동학사에 비해 덜 알려져 있지만,
가람을 둘러싼 자연 풍광만은 최고라 할 수 있다.
651년 열반종의 개조인 고구려 보덕화상이
창건했다고 전해지는 고찰이지만,
더욱 관심을 끄는 것은 대웅전 동쪽 50m쯤
떨어져 있는 중악단 영역이다.

신 원 사 중 악 단

# 명성황후
# 구국혼
# 깃든
# 산신당

불교가 들어오기 이전부터도 우리의 선조들은 고유한 신앙을 가지고 있었다. 그 가운데 가장 대표적인 것이 산악 숭배 신앙이었다. 신라의 오악(山嶽)이 대표적인 대상인데, 중악 부악산(현 팔공산), 남악 지리산, 북악 태백산, 동악 토함산, 서악 계룡산이 바로 그것이다.

불교가 한반도 전역에 퍼지면서 중요한 산에는 당연히 명찰들이 건립됐다. 그 장소들이 지형적으로 매우 중요했던 까닭도 있지만, 기존의 민간 신앙을 껴안으면서 민중들에게 뿌리내리기 위한 방편이기도 했다. 계룡산과 같이 신성시되는 산에는 일정한 질서에 따라 가람들이 자리잡게 된다.

계룡산에는 4대 사찰이 있었는데, 동쪽에 동학사·서쪽에 갑사·남쪽에 신원사·그리고 지금은 없어졌지만 북쪽에 구룡사가 있었다. 고대인들이 그들의 국토를 4방으로 나누어 산악을 신성시했듯이, 계룡산에도 동서남북에 사찰이 세워져 이상적인 불국토로 가꾸어진 것이다. 비단 계룡산뿐 아니라 팔공산·토함산·오대산·지리산·묘향산 등 이름난 산에는 모두 방위 개념에 따라 사찰들을 질서있게 세워서, 산 자체를 거대한 만다라로 재현하려 했다. 행정 구역상 충남 공주시 계룡면 양화리에 위치한 신원사는 갑사나 동학사에 비해 덜 알려져 있지만, 가람을 둘러싼 자연 풍광만은 최고라 할 수 있다. 신원사는 651년 열반종의 개조인 고구려 보덕화상이 창건했다고

주불전인 대웅전 영역은 남향으로 배치되어
뒷산인 연천봉과 하나의 축을 이루는 반면
중악단은 남서향으로 자리잡아
더 멀리 계룡산의 주봉과 하나의 축을 이룬다.
산신당으로서 최고의 위치임을
미루어 볼 때 신원사 소속이되
독립된 공간이었음을 알 수 있다.

전해지는 고찰이지만, 더욱 관심을 끄는 것은 대웅전 동쪽 50m쯤 떨어져 있는 중악단 영역이다.

중악단은 계룡산의 산신을 모신 묘단으로서 불교의 가람에 수용될 시설은 아니었다. 1394년 태조 이성계가 계룡단으로 창건하여 산신에 제사지내다가 성리학이 유일한 이데올로기로 작용하던 효종(1615년) 때 미신 타파의 일환으로 철거되었다. 1876년 불교의 외호자였던 명성황후 민비의 후원으로 다시 재건되면서 중악단이라는 이름이 붙었다. 아울러 묘향산에는 상악단을, 지리산에는 하악단을 세웠다고 하지만 현존하는 것은 중악단뿐이다.

명성황후 시해 1백주기 숭모제를 맞아 권오창 화백이 그린 명성황후 진영

대웅전 영역은 남향으로 배치된 반면, 중악단 일곽은 남서향으로 자리 잡았다. 자세히 살펴보면 대웅전은 뒷산인 연천봉과 하나의 축을 이루고 있지만, 중악단은 더 멀리 있는 계룡 주봉을 기준으로 배치되었음을 알 수 있다. 이곳이 산신당으로는 최고의 위치이며, 비록 신원사에서 관리는 하되 독립된 왕실의 건물임을 상징하듯, 독자적인 방향을 가지고 있다.

중악단 일곽은 긴 사각형꼴로 담장을 두르고 대문채와 중문채를 지나 본전이 우뚝 서 있다. 전체 영역을 구성한 형식은 유교의 사당 형식이고, 대문채와 중문채를 구성한 수법은 세도가의 주택 형식, 그리고 본전 건물은 불교 법당 형식이며, 본전의 지붕은 궁궐 건물같이 장식되어

중악단 지붕. 궁궐 건물에서나 볼 수 있는 잡상으로 장식되어 있다.

계룡산의 중악단 외에도
묘향산 상악단, 지리산에 하악단이 세워졌다.
현존하는 것은 중악단뿐이다.
스러져가는 조선의 운명을 신앙의 힘으로
극복하고자 한 명성황후의 애절한 염원이
스며 있는 건물이기도 하다.

있다. 최고의 민간 신앙의 전당답게, 유불민관(儒佛民官)의 건축형식이 총망라되어 있는 독특한 건축물이다.

중악단 대채. 대갓집의 주택 형식을 취하고 있다.

대문은 큰 양반집에 있음직한 솟을대문 형식이고, 양옆에는 부엌과 온돌방이 있어서 행랑채와 유사하다. 대문을 들어서면 중문채가 나타나는데, 그 사이의 조그마한 마당은 따사로운 햇살이 내리쬐는 아늑한 공간이다. 3칸의 중문에는 사천왕상이 그려져 있어 민간 신앙과 불교의 혼융을 읽게 한다. 그런데 사천왕상 그림이 조정의 무신들과 같이 그려져 있어서 이 건물이 왕실에 직속된 것임을 암시한다. 또한 대문 옆에

중악단 담장

도 "왕실 직속 관리와 높은 스님 외에는 모두 옆문을 이용하시오"라고 한문으로 써 놓아 왕가 건물의 위엄을 높였다. 본존 마당 중앙에는 돌로 포장된 좁고 긴 통로가 설치되어 있다. 고위 관료나 고승만이 통행할 수 있는 신도(神道)이다. 건물은 매우 정교한 솜씨로 만들어졌고, 정숙하고 신성한 분위기로 충만해 있다.

여걸 명성황후는 다 쓰러져가는 조선 왕조의 운명을 불교와 토착신앙의 힘으로 극복하려 하였다. 제국주의 열강들이 한반도를 둘러싸고 각축을 벌이는 와중에서, 그녀는 특히 고유의 산신들에게 의탁해 외세를 물리치려는 정성을 보였다. 이를 두고 명성황후를 마치 무당의 대장쯤으로 격하시키는 것은 역사 의식이 빈약한 이들의 좁은 소견이다. 신원사 중악단은 건축적 개성도 뛰어나지만 이 나라 황후의 애절한 염원이 스며 있는 기념물이기도 하다. ▫

# IV
# 멋스러움:
## 자람에 담긴
## 전통 건축의
## 아름다움

은해사
수덕사
청룡사
흥국사

大成若缺 크게 완성된 것은 마치 찌그러진 듯하며
大直若屈 크게 곧은 것은 마치 굽은 듯하고
大巧若拙 크게 정교한 것은 마치 서투른 듯이 보인다

老子

은해사 거조암 영산전

# 자신감 넘치는
# 뼈대의
# 아름다움

경북 영천시 청통면 신원동에 있는 거조암은 은해사에 속한 암자지만 직선 거리로 4km 이상 떨어져 있고 입구는 아예 본절과는 달리 신령면에서 들어간다. 건물도 영산전을 비롯하여 3동밖에 없는 작고 한적한 절이다. 그러나 영산전은 고려 말기, 적어도 조선 초기의 건물로서 우리나라 목조 건물로는 매우 희귀한 모습을 보이는 귀중한 보물이다. 이 건물이 국보 14호라는 사실조차 모르는 이도 많다.

한국 가람 건축들은 내부 공간보다도 외부 공간이 더 짜임새 있고 공간감 있다고 인식돼 왔다. 건물들의 규모가 작고 하나의 방으로 이루어진 단순한 구조여서 실내에서는 별다른 공간감을 느낄 수 없기 때문이다. 그러나 적어도 거조암 영산전에는 해당되지 않는 말이다. 오히려 이 절에서는 커다란 영산전만이 부각되어 다른 건물 사이의 마당이 형성되지 않고, 오히려 영산전 안의 높고 시원한 내부 공간이 중요한 건축적 위치를 점하기 때문이다.

현재 내부의 중앙 한칸에 작은 불단을 마련해 석가 삼존을 모시고, 주변에는 작고 소박한 500 나한상들을 모셔 두었다. 내부 공간에 별다른 장식은 없다. 배흘림된 나무 기둥들과 서까래가 노출된 지붕틀, 그리고 기둥들과 지붕틀을 연결하는 단순한 나무 부재들뿐으로 모두가 구조적인 부분들이다. 일절 불필요한 부재들은 없고 단청도 하지 않은, 마치 뼈대가 노출된 생명체를 보는 것 같다. 그럼에도 불구하고 아름다우면서도 박진감 넘치는 공간이 느껴진다.

한국 가람 건축은
내부 공간보다 외부 공간이
더 짜임새 있다고 인식돼 왔다.
그러나 거조암 영산전만큼은
내부 공간이 주요한 건축적 위상을 갖는다.
별다른 장식이 없는 내부 공간은
가식이 없을 뿐만 아니라
자신감 넘치는 구조미를 보여준다.
그래서 구조미는 윤리적인 아름다움이기도 하다.

이러한 아름다움을 건축에서는 구조미 혹은 뼈대의 아름다움이라 부른다. 역학적으로 꼭 필요한 부재들로만 이루어진 기능적이고 수학적인 구조, 그러나 구조 자체를 노출시킴으로써 미학적 아름다움을 창조하는 경우를 일컫는 말이다. 이러한 구조미를 이루려면 매우 치밀한 결구 기술이 요구된다. 구조 역학에 대한 확실한 자신감과 여러 개의 부재들을 섬세하게 짜맞추는 정성이 있어야 된다. 영산전의 내부 공간이 주는 감동은 조금의 가식도 없이 솔직하게 구조들을 노출시킨 데서 비롯된다. 이런 면에서 구조미는 윤리적인 아름다움이기도 하다.

고려시대의 건축들은 일반적으로 이런 구조미를 바탕으로 하고 있다. 구조를 노출시키기 위해서는 건물 전체를 마치 커다란 가구를 짜듯이 치밀하게 조립한다. 부석사 무량수전이나 수덕사 대웅전에서 공예적인 아름다움이 솟아나는 것은 바로 이런 이유 때문이다. 엉성한 지붕틀의 구조를 감추기 위해 천장을 씌우고, 화려하고 복잡한 단청문양들로 내부를 감싸는 조선시대의 불전들과는 발상이 다른 공간들이었다. 단순하고 소박한 듯하지만 적절한 비례와 섬세한 스케일로, 그리고 윤리적이고 역동적인 구조적 아름다움으로 가득한 건강한 건축이었다. 그 대표적인 예를 거조암 영산전에서 본다.

500 나한상 중에서

정면 7칸 측면 3칸의 맞배지붕 건물로
길다랗고도 두툼한 외양을 한 거조암 영산전(국보 제14호).
단순하고 소박한 듯하지만
적절한 비례와 역동적인 구조미를 가진
건강한 건축의 모범적인 형태를 보여주고 있다.

고려시대에 지어진 건물로서 현존하는 것은 위 세 건물과 성불사 응진전, 강릉 객사문 정도로 모두 꼽아야 열 손가락을 넘지 못한다. 거조암 영산전은 시대적으로 중요한 유구일 뿐 아니라, 형태적으로 다른 고려시대 건물과 차이가 난다. 이 건물은 7칸의 길다란 정면을 가졌지만 측면도 3칸으로 두꺼워 두툼한 외관을 가지며, 무엇보다도 넓고 높은 내부 공간이 특색이다. 정면에는 중앙칸에만 두꺼운 나무 판장문이 달렸고, 다른 칸들에는 가로로 길게 고정된 붙박이 살창을 달았다. 정면 모두에 창호지 문들을 단 일반적인 불전 건물들과는 전혀 다른 외형이다.

원래는 창고 또는 강당 건물이었던 것이 사찰의 규모가 줄어들면서 불전으로 바뀐 것이 아닌가 추정된다. 어쨌든 귀중한 고려시대 건물의 모습을 그대로 간직하고 있어 건축 공부에 없어서는 안 될 소중한 존재다. ▫

거조암 영산전

거조암 영산전 내부 공간.
구조 역학적으로 꼭 필요한 기둥, 서까래, 부재를 사용하고
이들 구조를 모두 노출시켜
아름다우면서도 박진감 넘치는 공간감을 연출한다.
중앙 한 칸에 불단을 마련해 석가 삼존을 모시고
주변에는 작고 소박한 500 나한상을 모셔 두었다.

수덕사 대웅전

# 섬세한 공예미 갖춘 고려 건물의 정수

고려시대는 불교 문화가 가장 번창했던 때다. 웅장하면서도 섬세한 고려시대의 불화나 불교 공예품을 보면, 고도로 발달한 당시 불교 예술의 힘과 정신을 읽을 수 있다. 불교 건축도 대단히 발달하여, 중국의 사신으로 개경에 온 서긍(徐兢)이란 사람은 개경 가람에 대한 뛰어난 감동을 '고려도경'이라는 책에서 전하고 있다. 그러나 아쉽게도 고려시대의 가람이 온전히 남은 곳은 하나도 없고, 단지 몇 개의 목조 건물들만 흔적으로 남아 있다.

남한 땅에 남아 있는 고려시대 건물로는 봉정사 극락전, 부석사 무량수전과 조사당, 영천 은해사 거조암의 영산전, 그리고 예산 수덕사 대웅전 정도다. 북녘 땅에도 성불사 응진전 정도가 남아 남북한 모두 합해도 열 손가락이 남는다. 그렇다고 해서 남아 있는 건물들이 고려시대 건축 가운데 가장 우수한 것들은 아니다. 수덕사 대웅전이나 봉정사 극락전은 갖은 전란과 사회적 탄압 속에서도 기적적으로 보존된 우연의 결과일 뿐이다. 고려시대를 대표할 만한 불교 건축들은 당연히 고려의 수도였던 개경에 있었을 것이고, 남아 있는 예들은 평범한 시골 사찰들일 뿐이다.

그럼에도 불구하고, 몇 남지 않은 고려시대 건물들의 그 당당한 기품과 아름다움은 대다수 조선시대 건물들과 비교할 수 없을 정도로 탁월하다. 현존하는 고찰들과 건물들은 거의 대부분 조선시대의 것들이며, 그나마 99%는 17세기 이후의 근세 작품들이다. 그러나 예술적 가치란 수적인 우세로 판가름되지는 않는다. 몇 안 되는 고

수덕사 대웅전(국보 제49호)은 건축물이라기보다는
공예품에 가까울 정도로 섬세한 아름다움을 지니고 있다.
현존하는 고려시대 건축은 수덕사 대웅전을 비롯하여
봉정사 극락전, 부석사 무량수전 등
열 손가락이 남을 정도이지만
그 당당한 기품과 아름다움은 조선시대 건물을 압도한다.

려시대의 범작들은 오히려 압도적으로 많은 조선시대 건물들보다 한 차원 높은 건축적, 예술적 가치를 가지고 있는 보물들이다. 그 가운데서도 수덕사 대웅전은 고려시대 건축이 추구했던 이상들을 잘 보여준다. 수덕사 대웅전은 한마디로 잘 짜여진 커다란 가구이며, 건물이라기보다는 공예품에 가깝다. 대웅전의 아름다움은 측면에서 잘 드러난다. 5개의 기둥은 건물의 벽면을 정확히 4등분하고 있으며, 가운데 샛기둥으로 나누어지는 정사각형의 벽면은 정교한 비례 체계를 구성하고 있다.

수덕사 대웅전의 휘어진 들보. 쇠꼬리 모양으로 휘어졌다고 해서 '우미량'이라 부르는 이 부재는 기둥과 기둥을 연결하는 구조적인 역할도 하지만 미적으로 아름답다.

지붕틀은 기둥들과 정확하게 결합되어 있어 한 치의 빈틈도 보이지 않는다. 무엇보다 아름다운 것은 기둥과 기둥 사이를 연결하는 휘어진 들보이다. 쇠꼬리 모양으로 휘어졌다고 해서 '우미량'이라는 이름이 붙은 이 부재는 기둥 사이를 단단히 얽어매 전체 건물을 일체화시키려는 구조적인 구실에도 충실하지만, 그 섬세한 아름다움 때문에 장식 목적을 위해 만들어진 것으로 오해받을 정도다.

훌륭한 공예품은 쓸데없는 장식을 덧붙이지 않는다. 일상 생활에 불편함이 없도록 꼭 필요한 요소들로만 이루어져야 하기 때문이다. 그러나 쓰기 편하고 튼튼하기만 하다면 예술품이 될 수는 없다. 그 최소의 요소들을 가지고도 아름다움을 창조한 것만이 예술품이 된다. 수덕사 대웅전의 모든 기둥과 들보들은 꼭 필요한 것들이고 그것들만 가지고도 미학적 가치를 최고로 끌어올리기 위해 심혈을 기울였으며 건물 전체를 정교한 비례 체계로 구성했다. 현존하는 고려시대 건물들은 전부가 이러한 공예 정신에 충만해 있다.

수덕사 대웅전의 아름다움은
측면에서 잘 드러난다.
5개의 기둥을 건물의 벽면을 정확히 4등분하고 있으며
가운데의 높은 기둥은 비례 체계의 정교함을 더한다.
훌륭한 공예품이 장식을 거부하듯
수덕사 대웅전 또한 조금의 군더더기도 허용치 않는다.

지금이야 덕숭총림으로 중요한 가람이자 유명한 관광지가 되었지만, 고려시대에는 전국에 수없이 많은 산골 사찰 가운데 하나였던 수덕사에 이처럼 훌륭한 건축물이 남아있다는 것은 무엇을 의미하는가? 수덕사 대웅전은 고려시대 건축과 예술의 그 높은 수준을 능히 짐작하게 한다. 작은 사찰 건물을 짓는 지방의 이름없는 건축가나 장인들도 완벽한 기술과 더불어 뛰어난 심미안을 가졌던 위대한 시기였음을 말해주고 있다.

예산 수덕사는 여러 가지로 일화가 많은 가람이다. 경허 스님과 만공 스님의 주석처로 근세 불교의 선풍을 크게 일으킨 성지이며 개화기의 여류 시인으로 장안의 화제를 모았던 김일엽 스님이 수행하고 입적한 곳이기도 하다. 절 입구의 수덕여관에는 현대 미술계의 거장, 이응로 화백이 조각한 바위그림이 남아 있기도 하다. 이처럼 세인들의 주목을 받으며 관광 명소로 성장한 수덕사에 일대 중창 불사의 바람이 불었다. 대웅전 앞을 가로막는 거대한 강당을 지었는가

수덕사 입구의 수덕여관에는 이응로 화백이 조각한 바위그림이 있다.

하면, 호젓하게 올라가던 오솔길은 커다란 연못과 거창한 돌다리로 바뀌었다.

거대 강당은 대웅전을 3배쯤 뻥튀기한 형태였고 돌다리는 불국사의 청운교 백운교를 흉내낸 모사품이었다. 거기에는 고려 장인들의 공예적인 솜씨도 없었고 섬세한 정성도 없었다. 물량만이 투여된 현대의 천박한 과시와 거친 기계적 솜씨만이 있었다. 다행히 이 흉물들을 정리하여 원래의 모습을 되찾으려는 노력이 진행되고 있지만, 한번 파괴된 모습은 쉽사리 복구되지 않는다. 고려시대의 솜씨를 능가할 만한 예술적 건축적 역량이 갖추어지지 않는 한, 일단은 보존에만 충실해야 하지 않을까. 그 노력이야말로 선조들의 유산을 지키는 최선의 행위이자 최소한의 예의가 아닐까.

수덕사 대웅전의 모든 부재들은
구조적으로 꼭 필요한 것들만으로 이루어져 있다.
하지만 그것들만 가지고도
미학적 가치를 최고로 끌어올렸을 만큼
정교한 구조미와 공예적 아름다움으로 충만하다.

청룡사 대웅전

# 휘어진 기둥에 담긴
# 중용과
# 역동의 미학

경기도 안성군 서운면 청룡리에 있는 청룡사는 1265년(고려 원종 6) 명본 스님이 창건하여 대장암이라 했다. 후에 고려 말 공민왕 때의 왕사였던 나옹(1320~76) 스님이 중건하면서 청룡사로 이름을 바꿨다 한다. 나옹 스님은 태고보우 스님과 함께 조선시대 불교의 기틀을 마련한 고승으로 현재의 조계종이나 태고종과도 연관이 깊다. 나옹 스님은 지금의 청룡사를 중건하면서 한 마리 푸른 용이 오색빛 찬란한 상서로운 구름을 타고 하늘을 오르는 것으로 보고는 산 이름을 서운산, 절 이름을 청룡사로 고쳤다고 한다.

현재는 대웅전과 관음전 등 5동의 단촐한 사찰이지만 산사 치고는 웅장한 대웅전이 보물 824호로 지정되어 있다. 번듯하고 화려한 정면의 옆을 돌아 측면으로 가면 놀라운 광경이 벌어진다. 우선 4칸인 측면의 칸수는 3칸 정면보다 한 칸이 더 많다. 더욱 놀라운 것은 기둥들이다. 구불구불한 기둥들, 심지어는 곧 쓰러질 것같이 심하게 휘어진 기둥들은 휘어진 나무들을 어디까지 사용할 수 있는지 실험한 작품과도 같다. 측면의 기둥들은 하나도 곧바른 것이 없다. 모두 구불거리며 굵기도 위아래가 현저히 다르다. 그러나 이 건물은 200년이 넘도록 쓰러지지 않고 굳건하게 서 있다. 이 건물을 만든 목수들은 나무의 성질을 꿰뚫고 있었고 그만큼 자신감이 있었던 것이다.

한국의 소나무들은 곧고 굵은 것이 드물었다. 오히려 가느다랗고 휘어진 것들이 대부분이었다. 목수들은 항상 이 불규칙한 목재들 때문에 고민이 많았다. 휘어진 소나무들을 억지로 깎아서 반듯하게 만든다면, 기둥이나 보로는 쓸 수 없을 정도로

청룡사 건축에는

휘어진 듯 곧으며 곧은 듯 휘어진 곡직한 아름다움이 있다.

극단을 배제한 중용의 미학이자 역동의 미학이다.

정교함보다는 투박함 속에서

아름다움을 창조해낸 한국 전통 건축의 미학이 거기에 있다.

가늘어지기 때문이다. 묘안을 찾아낸 것이 휘어진 나무를 휘어진 대로 사용하는 방법이었다. 겉보기에는 원시적이고 초라해 보여도, 이 기법은 매우 우수한 구조적 장점을 보장하게 된다. 대들보와 같이 수평으로 걸리는 부재에는 항상 지붕에서 내려오는 수직적 하중이 걸리기 마련이다. 따라서 대들보는 아래로 처지는 힘을 받게 되고 심할 경우 힘을 못 이겨 부러지게 된다. 그러나 위로 휘어진 나무를 사용하게 되면 밑으로 처질 염려도 없고 부러질 위험도 없다. 또 시각적으로도 안전하게 보인다. 이러한 구조적 이유 때문에 한국 건축에는 위로 휘어진 대들보를 많이 사용하게 된다. 그리고 그것이 하나의 미학적 기준으로 고착되었다.

휘어진 나무들을 기둥으로 또는 대들보로 그대로 사용한 예는 한국 건축에서 흔히 볼 수 있다. 고창 선운사 만세루의 대들보들은 아름드리 휘어진 나무들이다. 심지

청룡사 건축의 진정한 아름다움은 정면보다 측면에 있다.
곧 쓰러질 듯 심하게 휘어진 기둥들은
나무의 효용 한계를 실험한 작품과도 같다.
하지만 이 건물은 200년이 넘도록 굳게 서 있다.

어는 2개의 나무를 이어붙인 것도 있다. 실내로 들어가면 온통 휘어지고 거친 들보들로 단정한 맛이라고는 없다. 그러나 여기에는 원초적이고 역동적인 감동이 가득하다. 섬세하게 단장된 다른 건물들과는 또 다른 미학이 존재하는 것이다. 자연을 인간의 모범으로 삼았던 노자(老子)의 철학에 의하면 "크게 완성된 것은 마치 찌그러진 듯하며, 크게 곧은 것은 마치 굽은 듯이 보이며, 크게 정교한 것은 마치 서투른 듯이 보인다(大成若缺 大直若屈 大巧若拙)"고 했다. 자연의 모습이 바로 그런 것이다. 그리고 우리의 전통 건축이 가졌던 모습도 그런 것이었다.

휘어진 듯 곧으며, 곧은 듯 휘어진 소나무의 곡직(曲直)한 선

옛사람들은 직선을 곡직(曲直)하다고 표현했다. 휘어진 듯 곧으며, 곧은 듯 휘어졌다는 의미다. 다시 말해서 한국 건축에서 사용한 직선은 한 치의 오차도 없이 똑바른 수학적 직선이 아니라, 곡직한 직선이었다. 이러한 반어법적 표현은 한국 건축 곳곳에 숨어 있다. 예컨대 열린 듯 닫혀 있다든가, 내부인 듯 외부라든가, 가득 찬 듯 비어 있다든가 하는 음과 양이 하나로 조화되는 음양론 사고일 수도 있다. 또는 어떤 극단을 추구하는 것이 아니라 중용적인 미학을 존중한 결과일 수도 있다. 직선적이 아니라 곡선적이며, 정교하기보다는 투박하고 역동적인 미학이 전통 건축의 아름다움이다. 그 위태위태한 아름다움을 청룡사 대웅전에서 다시 한번 확인하게 된다.

반듯한 모습의 정면과 달리
측면은 정면보다 1칸이 많은 4칸인데
기둥들은 심하게 휜 것들이다.
단정한 맛은 없지만
원초적이고 역동적인 감동이 가득하다.

남양주 흥국사

# 궁궐 대접 받은
# 왕실
# 원찰

명산 대찰이라 하면 심산유곡에 자리한 유명 가람들을 떠올리겠지만, 서울 근교에도 이에 못지 않은 중요한 가람들이 여럿 있다. 그 가운데 하나가 남양주시 수락산 아래에 있는 흥국사다. 그러나 흥국사는 고양군 북한산 북쪽에도 또 있다. 이상한 일이라고 생각할 필요 없다.

서울 변두리나 근교에 있는 고찰들의 이름은 대개 ○국사, 흥○사, 봉○사 등 몇 안 되는 돌림자로 이름이 지어졌으니, 같은 이름의 가람이 나올 법도 하기 때문이다. 그런데 돌림자의 뜻이 모두 '국가를 위하거나', '무엇인가 모시거나', '흥하게 한다'는 의미를 갖는다. 그 무엇은 바로 왕실, 곧 국가였다.

정치의 이념을 성리학으로 삼아 불교계를 극심하게 탄압했던 조선 왕조였지만, 죽음이나 왕자 생산 등 중대한 인륜 대사 앞에서는 부처님의 가피(加被)에 매달릴 수밖에 없었다. 왕릉 옆에는 능을 관리하고 명복을 기원할 수 있는 능침사찰을 지었고, 세자가 없으면 세자 탄생을 기원하는 원당을 지었다. 왕실의 안녕을 기원하기 위한 이런 절들을 통틀어 왕실 원찰이라고도 부르며 공사비는 당연히 왕실의 시주에 의존하였다. 수천 개의 사찰들을 폐사시키고 불교계를 축소 통폐합시켰던 조선왕조가 그 자신들을 위해서는 새 절들을 지었던 역설적인 역사였다. 태조의 정비였던 신덕왕후 무덤인 정릉을 위해서 흥천사와 봉국사, 경국사 등이 중창되었고 성종의 선릉에는 봉은사, 세조 광릉에는 봉선사, 사도세자 장릉에는 용주사 등이 경영되었다. 이들 능침사찰들을 일컬어 조포사, 위축전, 자복사라고도 했다. '조포사'란 제사에

성리학을 정치 이념으로 삼은 조선 왕조였지만
죽음이나 왕자 생산 등과 같은 인륜 대사 앞에서는
부처님의 가피에 매달리지 않을 수 없다.
수락산 흥국사 또한 덕흥 대원군의 묘소를 지키기 위해
선조 때 창건된 능침 사찰이다.

사용할 두부를 만드는 사찰이란 뜻이고, 다른 명칭은 왕실의 안녕과 복을 축원한다는 뜻이다. 비록 능침사찰이 아니더라도 삼각산 화계사와 같이 흥선대원군의 개인적 후원에 의해 경영된 왕실 원찰도 있었다.

수락산 흥국사도 일종의 능침사찰이라 할 수 있는데, 약간 복잡한 사연이 얽혀 있다. 이 절은 덕흥대원군의 묘소를 지키기 위해 조성된 사찰이다. 덕흥대원군은 중종의 8번째 왕자로서 소실 태생이었다. 그러나 정실 계통의 왕손이 명종을 마지막으로 끊어지자, 덕흥군의 아들이 왕위에 오르니 그가 바로 선조였다. 흥국사는 바로 선조 때 창건되어 중요한 왕실 원찰이 되었다. 덕흥대원군의 자손들은 이후에도 광해군과 인조를 거쳐 영·정조와 고종에 이르기까지 왕위를 이어 최고의 왕실가문이 되었다. 특히 고종의 아버지인 흥선대원군은 흥국사를 마지막으로 중창한 대시주였다.

서울 근교 왕실 원찰들은 몇 가지 공통적인 건축적 특징을 갖는다. 우선 가람의 앞에 놓이는 대방채라는 특이한 건물이다. 보통 工자형으로 생긴 이 건물은 주불전 마당 앞쪽에 놓여서 가람의 얼굴 역할을 하는데, 돌출된 누마루를 양쪽 혹은 한쪽에 가지고 있는 것이 특징이다. 또한 다용도로 쓰이는 큰 방인 대방과 주지실 등이 갖추어져서, 왕실의 중요한 시주를 접객하는 공간으로 쓰인 다목적의 건물이었다.

흥국사 대방은 가장 커다란 규모에 속한다. 중앙에 넓은 대방이 놓이고 그 양쪽으로는 2층의 누마루가 돌출되어 있다. 왕실의 귀한 손님들이 내방하면 여기서 맞이했는데, 귀한 신분의 불자들은 대개 일반인이 들락거리는 법당보다는 대방채에서 불공드리기를 원했다고 전한다. 기둥을 비롯한 모든 부재들은 정교하게 가공되어 있고 기단과 초석도 말끔하게 다듬어져 세련된 모습을 보인다. 대방뿐 아니라 흥국사의 모든 건물들은 좋은 목재와 석재들이 훌륭한 솜씨로 다듬어져 있다. 왕실과 관련된 건물답게, 심지어는 왕가의 목수와 석수들이 파견되어 건물을 만들었을 정도였다.

서울 근교 왕실 원찰에는
공통적으로 대방채라는 특이한 건물이 있다.
돌출된 누마루를 한쪽 혹은 양쪽에 가지고
왕실의 중요한 시주를 접객하는 구실을 했다.
기둥을 비롯한 모든 부재들은 정교하게 가공되었고
기단과 초석도 세련된 모습이다.

주불전인 대웅보전이나 원당 건물이었던 시왕전과 만월보전 등의 지붕에 주목해 보자. 지붕의 용마루나 추녀마루 끝에는 잡상이라고 부르는 작은 조각물들이 얹혀져 있다. 건물에 피해를 입히는 잡귀를 물리친다는 의미로, 궁궐 건물 아니면 감히 꾸밀 수 없는 고급스러운 장식 요소였다. 단청도 정교하고 부엌문에 그려진 신장상도 훌륭하다. 특이하게 육각형 건물인 만월보전도 대단하다. 비록 외진 곳에 있고 천대받았던 불교 사찰이지만 왕실의 원찰이 되면서 이 정도로 격이 달라졌던 것이다.

궁궐 건물에나 꾸미는 잡상으로 장단한 대웅보전 추녀마루

대웅보전 부엌문에 그려진 신장상

불교는 미신이요, 불경은 요설이라고 박해했던 조선조에도 왕실 원찰들은 궁궐 못지 않은 대우를 받았다. 불교를 우대해서가 아니라 자신들의 안위와 축복을 위해서였지만. 성리학이라는 유교적 이념도 고귀한 왕실의 왕족들도 결국은 부처님 손바닥 안에서 살았던 것일까? ▫

불교는 미신이요, 불경은 요설이라고 박대했던
조선조에도 왕실 원찰들은 궁궐 못지 않은 대우를 받았다.
특이하게 육각형 건물인 만월보전도
궁궐 건물 아니면 엄두를 못 낼
고급스러운 장식으로 꾸며졌다.

멋스러움: 가람에 담긴 전통 건축의 아름다움

# V
## 성스러움:
## 아름다운 것은
## 성스럽다

법흥사
통도사
한계사터
개암사

내부공간은 한마디로 용들로 장식된 불국토이다. 사방팔방으로 뻗혀진 부재들 끝을 용머리로 장식하여 여기저기서 용들이 꿈틀대고 있고 날개를 활짝 편 극락새들이 이리저리 날아다닌다. _____ 불전의 내부는 완벽하게 부처님이 주재하는 하늘의 세계, 정토의 세계를 상징화하고 있다.

→ 173쪽_개암사 대웅보전_용과 봉황으로 가득한 정토

법흥사 적멸보궁

# 온 산이
# 다 부처님의
# 몸

강원도 영월군의 사자산 법흥사에는 적멸보궁이라는 이름의 법당이 있다. 정면 3칸의 자그마한 규모이며 외관상으로는 특이한 점이 없는 평범한 건물이다. 그러나 내부에 들어가면 불단 위에 응당 계셔야 할 불상이 없이 바깥으로 창만 뚫려 있다. 이런 류의 법당 구조는 통도사 대웅전에서도 볼 수 있었다. 통도사 대웅전에 불상이 없는 이유는 창밖으로 보이는 사리탑에 석가세존의 진신 사리를 모셨기 때문에 불상을 대신한다는 것이다. 그러나 법흥사 적멸보궁에서 보이는 것이라고는 뒷자락의 유려한 곡선뿐이다. 뒷산이 불상 대신 모셔진 것이다.

석가세존께서 열반하신 쿠시나가라는 당시 마투라 족들이 지배하던 땅이었다. 대대적인 다비식을 끝내고 나니, 여덟 말에 해당하는 세존의 사리를 수습할 수 있었다. 소문을 들은 주변의 일곱 나라 왕들이 몰려와서 사리를 나누어 줄 것을 요청해 세존의 사리는 여덟 등분되어 여덟 나라는 각각 탑을 세우고 사리를 봉안하니, 이를 근본 8탑이라 부른다.

세존이 계실 때는 가람도 경전도 필요 없었다. 세존이 머무는 곳이 바로 가람이요, 세존의 말씀이 바로 경전이었기 때문이다. 그러나 세존의 열반 후에 상황은 달라졌다. 불교는 자력에 의한 해탈의 종교지만, 일반 민중들은 구체적인 신앙의 대상을 필요로 한다. 이런 경우 세존의 뼈와 정기가 화한 진신 사리야말로 최고의 신앙 대상일 수 있다. 불교 초기에 일어났던 사리 전쟁은 자기 나라를 불교국으로 만들려던 왕들의 전략적 목표 때문에 발생한 것이다. 유명한 아쇼카 왕은 후대에 일곱 나라의 탑(Stūpa)에서 사리를 꺼내어 그가 세운 8만 개의 탑에 골고루 나누었고, 사리 신앙은 온 세상에 퍼지기 시작했다.

한국에 사리 신앙을 전파한 이는 자장 율사다. 중국에 유학한 자장은 당나라 오대산(청량산)에서 문수보살을 친견하고 세존의 의발과 진신 사리 100과를 얻어 귀국했다. 삼국유사에 의하면 그는 이 사리를 황룡사 9층탑과 울산 태화사, 그리고 통도사 금강계단에 나누어 봉안했다. 현존하는 곳은 통도사 금강계단뿐이다. 그러나 다른 기록과 구전에 의하면, 자장은 여러 곳에 그가 가지고 온 진신 사리를 나누어 봉안했다고 전한다. 오대산의 중대암, 설악산 봉정암, 그리고 사자산 법흥사가 바로 그곳이라 한다. 또한 태백산 정암사는 임진왜란 때 사명대사가 통도사 사리를 나누어 봉안한 곳이다. 이들 5개소에는 불상이 없는 보궁형의 법당들이 세워졌고, 이를 5대 적멸보궁이라 일컫는다. 그러나 이외에도 대구 달성 용연사에도 적멸보궁이 있고, 사천 다솔사도 최근에 보궁을 만드는 등 진신 사리와 보궁에 대한 신앙의 열기는 아직도 식을 줄 모른다.

세존의 말씀은 교(敎)가 되었고, 세존의 마음은 선(禪)이 되었다. 교는 경전을 통해 기록되어 법보(法寶)가 되었으며, 세존의 몸과 정신의 현현인 진신 사리는 불보(佛寶)가 되어, 승보(僧寶)와 함께 삼보를 구성한다. 그 귀한 보물이니 진신 사리에 대한 열망은 대단할 수밖에 없다. 법흥사 적멸보궁은 뒷산 어딘가에 사리가 봉안되었다고 전하기 때문에 뒷산 전체를 신앙의 대상으로 삼았다. 그러나 어떤 인공적인 불탑이나 불상보다도 더 위대하다. 세월이 지난다고 허물어질 리 없고, 어떤 종류의 재난으로부터도 안전하기 때문이다.

강원도 영월군 사자산에 위치한 법흥사 적멸보궁. 정면 3칸의 자그마한 규모이지만 자장 율사가 부처님의 진신 사리를 이곳 뒷산 어딘가에 봉안했다고 전해지고 있다.

법흥사 적멸보궁엔 불상이 없다.
법당을 안고 있는 뒷산 어딘가에
석가세존의 진신 사리가 있다고 믿기 때문이다.
아니 사리가 없다한들 어떠랴.
돌멩이 하나, 풀포기 하나도 부처의 현현인데
온 산이 다 부처의 몸인데.

자장이 가져왔다는 불사리의 진위 여부에 대해 의심이 제기되기도 한다. 세존이 열반한 지 1,000여 년이 지난 그 때에, 그리고 이국인 중국 땅에서 어떻게 100과나 되는 사리를 얻을 수 있었을까? 그러나 그것이 무어 그리 중요한가. 불보란 석가세존의 존재 자체이지, 형상이 아니지 않은가? 물질인 사리가 중요한 것이 아니라, 자장이 전해준 불보에 대한 신앙이 중요한 것이다.

통일신라 682년경 사리함.
국립중앙박물관 소장

사리는 상징일 뿐이다. 법흥사 적멸보궁 뒷산은 사리신앙의 본질을 극명하게 보여주고 있다. 그 거대한 산속에 몇 톨의 진신 사리가 흩어져 묻혀 있다. 그 속에서 사리를 찾는다는 것은 망망대해에 던져진 조개껍질을 찾는 것만큼 불가능하고 무의미하다. 그러나 우리는 쉽게 사리를 발견할 수 있다. 온 산이 부처의 몸이기 때문에, 뒷산에 널린 돌멩이 하나도 부처의 뼈가 되고 풀포기 하나도 부처의 모발이 된다. 법흥사 적멸보궁이 전하고 있는 뜻은 바로 그것이다. 그 좁쌀만한 사리를 왜 찾으려 하는가? 온 산이, 온 세상이 부처인데.

통도사 가람은 거대하고 복잡하다.
그래서 하는 말이,
통도사 건축을 제대로 해석할 수 있다면
한국 사찰 건축의 비밀을 밝힐 수 있다는 것이다.
통도사 건축에는 다양한 가치의 공존을 가능하게 하는
새 것을 세우되 옛것을 파괴하지 않는
한국 건축의 윤리가 살아 숨쉬고 있다.

통도사 중로전

# 새것 만들되
# 옛 질서를
# 따르는
# 정신

불보사찰로 널리 알려진 영취산 통도사의 가람 구성은 크게 세 부분으로 이루어진다. 일주문이 있는 입구 쪽부터 말하자면, 우선 영산전·약사전·극락전으로 이루어진 하로전(下爐殿) 지역이 있다. 그 다음 일주문을 지나면, 대광명전·용화전·관음전이 일렬로 서 있는 중로전(中爐殿) 지역이 있고, 마지막으로 대웅전과 금강계단으로 이루어진 상로전(上爐殿) 지역이 있다.

노전(爐殿)이란 사찰의 중요한 불전을 관리하는 노전 스님이 기거하는 곳으로 통도사에 상중하 3개의 노전이 있다는 것은 3개의 가람이 합쳐진 복합 사찰이라는 의미도 된다. 그만큼 통도사 가람은 거대하고 복잡해서, 통도사 건축을 제대로 해석할 수만 있다면 한국 사찰 건축의 비밀을 밝힐 수 있다는 말이 나올 정도다.

이 가운데 특히 눈길을 끄는 곳은 바로 중로전 지역이다. 우선 3동의 커다란 건물들이 일렬로 서 있는 것이 예사롭지 않다. 보통 이런 규모의 불전들이면 하로전의 3불전들과 같이 서로 직각되게 놓여 가운데 마당을 형성하면서 가람을 이루는 것이 상례이기 때문이다. 앞뒤 일렬로 놓이다 보니 전각과 전각 사이에는 넓은 마당이 없고, 각 건물로 들어가려면 앞 건물의 옆면을 돌아 들어가야 하는 어색함이 있다. 또한 용화전 앞에는 밥그릇과 같이 생긴 이상한 탑이 서 있어서 궁금증을 더한다.

성스러움: 아름다운 것은 성스럽다

상중하 3개의 영역으로 이루어진
통도사 가람에서 가장 눈여겨 볼 곳은
중로전 지역이다.
한 줄로 놓인 관음전 용화전 대광명전은
천 년의 세월 동안 차츰 늘어난 것들인데,
새 것이 옛 것을 가리지 않도록
조금씩 키를 낮추는 세심한 배려를 하고 있다.

중로전 가장 뒤쪽에 있는 대광명전은 비로자나불을 주불로 하는 화엄 신앙의 불전이다. 그 앞의 용화전은 미륵불을 모신 불전이고, 가장 앞의 관음전은 명칭 그대로 관세음보살을 모신 건물이다. 용화전 앞에 서있는 사발 모양의 탑은 일명 봉발탑(奉鉢塔)이라고도 불리운다. '바리때를 바치고 있는 탑'이란 뜻이다. 이런 모양의 탑은 유일무이한 것으로 이름부터 호기심을 돋운다.

미륵불을 모신 용화전 마당에 있는 봉발탑. '바리때를 바치고 있는 탑'이란 뜻이다. 석가모니 부처님이 가섭에게 미륵불이 하강할 때까지 기다리고 있다가 미륵불이 하강하여 용화세계를 열 때 바리때를 바치라고 한 경전의 내용을 건축적으로 재현한 것이다.

미륵은 바라문의 아들로 태어나 석가모니 부처님의 제자가 되었는데, 미래에 성불하리라는 수기를 받고 석가모니 부처님보다 먼저 입멸하여 도솔천에 올랐다는 인물이다. 사람들은 그가 보살이 되어 도솔천에 올라갔다고 믿었다. 미륵보살은 도솔천에서 지상의 중생들을 어떻게 구제할 것인가 명상에 잠겨 있다. 이 모습을 조각으로 표현한 것이 유명한 '미륵보살 반가사유상'이다. 미륵보살은 도솔천에 오른 지 56억 7천만 년 후에 다시 지상에 내려와 3번의 설법을 베풀어 지상의 모든 중생들을 제도한다는 부처다. 그리고 3번의 설법은 용화수 아래서 설해지기 때문에 용화삼회라 이름한다. 미륵불의 세계는 당연히 용화세계이며, 용화전은 용화세계를 재현한 불전이다.

미륵불은 아직 나타나지 않은 부처이며, 기독교식으로 표현하자면 메시아다. 그러나 문제가 있다. 먼훗날 미륵불이 하강한다고 해도 무지한 중생들이 어떻게 그를 미륵불로 믿어줄 것인가? 무언가 징표가 필요했다. 그래서 석가모니 부처님은 수제자인 가섭에게 자신의 바리때와 가사를 주면서 일렀다.

"가섭아, 너는 열반에 들지 말고 내 바리때와 가사를 간직하고 있어라. 훗날 미륵불이 하강하여 용화세계를 열 때 그것을 바쳐라."

통도사 창건 정신을 보여주는 금강계단과
부처님 사리를 모신 부도.
통도사가 '불보사찰'인 까닭을 말없이 증명하고 있다.

누구보다 먼저 부처가 될 수 있는 가섭에게는 섭섭한 일이지만, 미륵불을 증거하기에는 가장 확실한 방법일 것이다.

가섭은 석가모니 부처님의 당부대로 지금도 계족산에서 바리때를 들고 서서 미륵불이 하강하기를 기다리고 있다고 한다. 통도사의 용화전과 봉발탑은 가섭이 미륵에게 바리때를 바치는 바로 그 용화세계를 표현하고 있다. 경전에 나오는 내용을 건축적으로 재현하고 있는 것이다.

중로전의 세 건물은 동시에 지어진 것이 아니다. 대광명전은 신라시대, 용화전과 봉발탑은 고려시대, 그리고 관음전은 조선 후기에 지어졌다. 중로전 일대가 완성되기까지에는 천 년이 넘는 긴 세월이 걸렸지만, 여기에는 일정한 건축적 질서가 숨어 있다. 가장 먼저 자리잡은 대광명전은 가장 크고 높다. 용화전은 그보다 약간 작고 낮게 건축됐다. 먼저 세워진 뒤쪽의 대광명전을 가리지 않기 위해서 배려한 것이다. 가장 나중에 세워진 관음전은 아예 3칸으로 칸수도 줄이고 지붕도 가장 낮게 만들었다. 앞뒤로 나란히 서 있지만, 새 건물이 옛 건물을 가리지 않도록 세심한 배려를 한 것이다. 관음전 앞에 서 보면 3동의 불전들이 이루는 관계를 한눈에 볼 수 있다.

새로운 것을 만들되 결코 옛 질서를 파괴하지 않는 정신. 이것이야말로 한국 건축의 위대한 윤리요, 현대가 받아들여야 할 소중한 교훈이다. 🔲

껍데기는 사라지고 가장 원초적인 정신을 보여주는 것이
옛 절터의 미학이다.
폐허가 된 한계사지에서 모든 구속을 거부하며
참다운 진리에 도달하려고 했던
구산선문의 조형 정신을 본다.

### 한계사 터

# 옛 절터에서
# 만나는
# '처음 정신'

설악산과 점봉산 사이 한계령이 시작되는 곳, 행정 구역 상으로 강원도 인제군 북면 한계리에 장수대가 있다. 불쑥 솟은 기둥같이 깎아지른 암벽이 마치 장군과도 같다 하여 붙여진 명칭이다. 골짜기가 좁고 깊은데다 높은 절벽까지 솟았으니 한낮에도 늘 그늘이 지는 곳이다. 장수대 휴게소에서 북쪽 산 위로 오르면 산등성이에 갑자기 양지바른 평지가 나타나니 여기가 바로 한계사 터다.

몇 개의 기단 흔적과 석탑의 잔해만이 앙상하게 서 있는 곳이다. 건물은 지어지는 반대 순서로 허물어져 내린다. 가장 나중에 세워지는 지붕이 가장 먼저 무너진다. 돌로 쌓여진 서양 건축의 폐허에는 벽체와 기둥의 일부라도 남아 입체적인 공간이 남게 된다. 그러나 나무로 이루어진 한국 건축의 폐허들은 기단과 초석 말고는 모두 사라져 버린다. 따라서 한국 건축의 폐허는 평면적일 수밖에 없다.

폐허에 서면 마치 시간을 거슬러 가는 듯한 묘한 감동을 느끼게 된다. 남은 것이 적다고 가치와 감동까지 적은 것은 아니다. 오히려 더 부수어지면 부수어진 대로 감동의 깊이는 더해간다. 건물에 색칠을 하고 장식을 다는 것은 건물이 완공되기 직전에 행해진다. 따라서 건물이 무너지기 시작하면 가장 빨리 없어지는 것이 이들 장식이다. 한국건축의 폐허에는 이런 장식과 가식과 치장들이 남아 있지 않다. 남겨진 기단과 초석들은 오로지 대지에 터를 잡고, 터를 닦았던 건축 당시의 근본적인 생각들만을 전한다. 껍데기는 사라지고 오직 가장 근원적인 것들만 남은 곳이 바로 한국 건축의 폐허다.

한계사의 폐허에는 삼층석탑을 제외한 지상의 건물은 하나도 없다. 5~6개의 건물터로 보이는 석축들과 초석들만이 남아 있는 철저한 폐허다. 그럼에도 불구하고 이곳에는 다른 어느 완성된 가람보다도 극적인 감흥이 있다.

그 높고 깊은 산속에, 감히 있으리라 생각지도 않은 험지에 처음 가람을 열었던 선사들의 희열과 초발심을 읽을 수 있기 때문이다. 깊은 골짜기를 바라보는 시원한 경관, 울창한 수풀 속에 갑자기 마련된 빛나는 대지 한 평의 땅이라도 아껴 쓰려는 듯 여기저기 나누어 앉은 건물터와 인공의 흔적들, 그리고 대자연의 소스라치게 아름다운 감동들. 급경사지에 마련된 넓지 않은 절터는 차라리 하나의 처절한 희구이다.

한계령을 넘어 강릉 땅에는 범일 선사가 사굴산파를 개산했던 굴산사가 있었다. 범일 스님은 이어서 대관령 밑에 신복사를 개창했다. 신복사 터에는 고려시대의 삼층석탑(보물 제87호)이 있는데 그 앞에는 돌로 만들어진 보살 한 분이 무릎을 꿇고 두 손을 모아 공양하고 있다. 〈묘법연화경〉 약왕보살본사품에 등장하는 희견보살이며 후에 약왕 보살이 된 분이다.

한계사 터 삼층석탑 앞에는 직사각형의 길쭉한 대좌가 놓여 있다. 비록 불상은 없어졌지만 석조 좌상의 대좌였음이 분명한 부재다. 대좌에 패어진 흔적으로 보아 한쪽 무릎을 꿇고 앉아 석탑을 바라보는 공양상이 있었음에 확실하다. 이 역시 예의 약왕 보살로 이 지역의 공통된 석탑 조성 형식을 보여줄 뿐 아니라 한계사가 범일의 사굴산파의 일원으로 창건됐음을 알려주는 조형이다.

신복사터 삼층석탑 앞에는 돌로 만들어진 보살 한 분이 무릎을 꿇고 두 손을 모아 공양하고 있다.

이 절이 언제 창건됐는지, 언제 폐찰됐는지 정확한 시기를 알려주는 기록은 없다. 남겨진 유구로 미루어 대략 신라 말에 창건됐으며, 여러 차례 화재로 다시 지어지기를 거듭하다가 조선 중기에 폐찰된 것으로 추정된다. 신라시대의 가람이면서도 일정한 배치 형식을 찾을 수 없다. 금당 옆으로 부속 건물들의 터가 놓였지만 금당과 열이 맞는 것도 아니다. 당시의 가람들은 회랑을 두르고 좌우가 대칭되는 기하학적 배치 형식이 일반적이었지만, 한계사 터에는 회랑의 흔적도 없고 대칭적인 형식도 없다. 대지가 불규칙하고 좁아서였겠지만, 더 근본적인 이유는 이 절의 창건 정신에서 찾아야 할 것이다. 그것은 바로 모든 구속을 거부하며 참다운 진리에 도달하려고 했던 구산 선문의 자유로운 조형 정신이었을 것이다.

한계사 폐허지

한계사의 폐허는 이 처음의 정신, 가장 근본적인 건축적 생각을 생생하게 전해주는 건축적 공간이다. 비록 건물이 사라져 버린 폐허지만 건축적 정신으로 가득한 장소다.

임진왜란 후에 다시 지어진 개암사 대웅보전.
비록 단촐한 규모이지만
대단한 정성과 솜씨로 지은 건물이다.
전쟁을 겪으며 불심을 더욱 깊게 한 까닭이다.

개암사 대웅보전

# 용과 봉황으로 가득한 정토

전북 부안군 상서면 감교리 울금산 정상에는 잘생긴 한 쌍의 바위가 불쑥 솟아 있다. 이 바위가 울금바위고 산 정상부의 산성이 울금산성이다. 백제가 나당 연합군에 항복한 후 도침과 복신의 지휘 아래 저항군을 이루어 백제 부흥 운동을 벌였던 주류성이 바로 이곳이라고 전한다. 개암사는 주류성 아래 산중턱에 자리잡아 마치 울금바위를 머리에 이고 있는 형상이다.

이 절은 고려의 원감 스님(1226~1292)이 창건했다. 하지만 경내에 663년 나당 연합군과의 전투에서 숨진 묘련 대사의 부도탑이 있는 것으로 봐서 더 오래된 연원을 헤아리게 한다. 고려 때는 전각 30여 동의 큰 사찰이었다고 하지만 현재는 대웅보전(보물 제292호)과 3~4동의 부속채만 있을 뿐이고 그들의 배열도 그다지 짜임새 있는 가람은 아니다. 그러나 울금바위를 배경으로 우뚝 서 있는 대웅보전의 경관은 일품일 뿐 아니라 조선 중기의 시대적 특징을 고스란히 간직하고 있다. 임진왜란의 전화로 전국 대부분의 사찰들이 불에 타 없어졌다. 전쟁 후 전국 각지에서는 가람 복원의 움직임이 활발했지만, 전쟁으로 인해 나라 전체가 알거지가 된 형편이어서 불사에 필요한 재원을 확보하기란 쉽지 않았다. 따라서 전쟁 전 모습과 같이 대규모의 가람을 다시 재건하기는 불가능했고 기껏해야 주불전 한 동과 승방 정도를 지을 수 있었다.

개암사 대웅전이 주목을 끄는 것은
그 빼어난 장식성 때문이다.
건물 밖의 포작을 닫치는 주두는 꽃잎 모양으로,
첨차는 연꽃 줄기로, 소로는 연꽃 봉오리 모양으로
위로 올라가면서 연꽃이 환하게 핀 형국이다.
하지만 대웅전 장엄의 진면모는
외부가 아닌 내부 공간에 있다.

개암사 역시 임진왜란 후인 1636(인조 14)과 1658년(효종 9) 두 차례에 걸쳐 중건되었고 그 이후에 이렇다 할 불사가 없어서 대웅보전만 달랑 서 있는 단촐한 가람이 되어버렸다.

그러나 비록 규모가 단촐하고 작다고 하지만, 이 시기에 지어진 불전들은 대단한 정성과 솜씨로 꾸며졌다. 전쟁을 통해 오히려 승화된 불심들이 가람의 건물을 장엄하게 장식하는데 모아졌기 때문이다. 이 건물은 그 뛰어난 장식성 때문에 학계의 관심을 모아왔다. 우선 기둥 상부에 놓여진 포작의 주두들을 주목할 필요가 있다. 주두 밑에는 한 치 두께의 정사각형 판재를 깔았는데 마치 고려시대의 굽받침을 가진 주두같이 보인다. 인근 선운사 참당암에 있는 고려시대 주두를 흉내낸 것일까. 원래 법당이 있던 곳에서 자리를 옮겨 중창되었다는 기록으로 본다면 옛 법식을 따른 법당이 잔존했던 것으로 보이며, 이전 중건하면서 옛 건물의 굽받침 주두를 흉내낸 것이 아닐까? 이 건물의 큰 특징은 전면에 올려진 포작들의 장식성이다. 포작을 받치는 주두는 꽃잎 모양으로, 첨차는 연꽃 줄기로, 소로는 연꽃 봉오리 모양으로 입체적으로 조각하여 전체적으로 위로 올라가면서 연꽃들이 환하게 핀 형상이다. 익산 숭림사 보광전도 투각한 주두를 가지고 있지만 이 건물같이 사실적이고 입체적으로 조각되지는 않았다. 전면 창호의 화려한 꽃살창은 근래에 만들어진 것으로 확인되었다. 원래는 평범한 살창이었다고 전한다.

내부 공간의 상징성과 화려함은 외관보다 더욱 충격적이다. 불단을 뒤로 물리고 천장을 3단으로 접어올려서 내부는 넓고 높직하다. 내부 공간은 용들로 장식된 불국토이다. 사방 팔방으로 뻗혀진 부재들 끝을 용머리로 장식하여 여기저기서 용들이 꿈틀대고 있고, 날개를 활짝 편 극락조들이 이리저리 날아다닌다. 용과 봉황이 얼마나 많은지 법당 안에 용 9마리와 봉황 13마리, 바깥으로는 용 2마리와 봉황 9마리, 그리고 도깨비 2마리가 장식되어 있다. 여기에다 화려하게 꾸며진 닫집 속에서 5마리의 용들이 꿈틀대고 있다. 불전의 내부는 완벽하게 부처님이 주재하는 하늘의 세

개암사 대웅전의 법당 안은
용들로 장식된 불국토다.
사방 팔방으로 뽑혀진 부재들의 끝은
용이 되어 꿈틀대고, 날개를 활짝 편 극락조가 되어
이리저리 날아다닌다.

계, 정토의 세계를 상징화하고 있다. 이전의 사찰들에서는 (불국사가 대표적으로) 가람 전체가 불국토를 상징하도록 구성되었지만 이제 그 상징화의 범위가 법당 내부로 축소되었다. 그만큼 불교세가 위축되었음을, 그러나 정토에 대한 희구는 본질적인 소망임을 보여준다.

조선 후기 절집에 많이 등장하는 용은 부처를 호위하는 여덟 수호신(팔부 신중) 가운데 하나다. 용에 대한 신앙은 원래 인도 중국 한국의 토착 신앙이었지만 불교에 습합되면서 호위 신앙으로 변모된 것이다. 인도에서는 용을 25가지로 분류하며, 중국에서도 응룡·촉룡·훼룡·교룡·규룡·이룡·사룡·기룡 등 많은 종류로 나누어왔다. 대웅보전의 많은 용들도 나름대로 의미를 가지고 있을 것이다. 용들의 생김새와 의미를 되새겨보는 것도 이 건물을 제대로 감상하는 일 중의 하나다. ▫

법당 안 포작의 용 장식

# VI
# 소박함: 가람과 절제의 미학

봉정사
화엄사
선암사
정수사

보통 승방은 담장과 건물벽으로 감싸지며, 유일한 출입구를 통해서만 안마당으로 들어갈 수 있다. 그런데 그 출입문은 다름 아닌 부엌문이다. 부엌을 통해서만 출입할 수 있도록 의도한 것이다. _____ 승방 건축은 왜 아름다운가? 거기에는 스님들의 치열한 수행과 체계적인 생활과 여유로움이 있기 때문이다.

→196쪽 _ 선암사 승방 _ 고결한 삶을 보듬는 건축적 지혜

봉정사 영산암

# 소나무 그늘에 담긴 거대한 의미

흔히 불교 건축이라 하면 수덕사 대웅전이나 부석사 무량수전과 같은 고색 창연한 목조 기와 건물을 연상하게 된다. 물론 이들도 불교 건축의 소중한 부분임에는 틀림없다. 하지만 이들 건물만이 건축을 이루는 것은 아니다. 건축이란 건물과 건물들로 이루어지는 전체적인 공간적 관계다. 부석사가 아름다운 것은 무량수전 때문이 아니라 주변의 여러 건물들과 잘 조화된 관계, 더 나아가 웅대한 자연과 한몸을 이루고 있는 석축과 건물들의 관계에서 오는 감동 때문이다.

이처럼 건축은 전체적이며 집합적이다. 건물은 건축의 부분일 뿐, 건축 그 자체는 아니다. 특히 한국의 가람들에서 건물은 하나의 방에 불과하다. 대웅전은 석가모니 부처님을 모신 불당이며, 산신각은 산신을 모신 작은 방이자 건물이다. 방을 보고 건축이라 하지 않듯이, 대웅전이나 산신각 건물을 건축이라고 보는 우를 범하지 말아야 한다. 한 그루 한 그루의 나무가 숲을 이루지만, 나무가 곧 숲은 아닌 것과 같은 이치다. 건물에 집착하면 건축은 온전한 제 모습을 보여주지 않는다.

건축은 공간적이며 입체적이다. 경우에 따라서는 눈에 잘 보이지 않을 때도 있고 오로지 감흥과 분위기로만 느껴질 수도 있을 것이다. 그러나 그 모든 것들의 어우러짐이 이루어낸 감동이 바로 건축의 힘임을 알게 될 때, 우리 가람 건축의 가치는

건축은 전체적이며 집합적이다.

건물은 건축의 부분일 뿐 건축 그 자체는 아니다.

가람 건축에서 건물은 하나의 방에 불과하다.

건물에 집착하면 건축은 온전한 제 모습을 보여주지 않는다.

더욱 승화될 것이다. 그래서 때로는 대자연과 건축의 호흡법을, 때로는 창살 하나에 담겨진 장인들의 숨결을 읽어야 한다.

경상북도 안동시 서후면에 있는 봉정사는 우리나라에 현존하는 목조 건축물 가운데 가장 오래된 극락전을 가지고 있는 것으로 유명하다. 학계에서 추정하기로는 고려 중기인 12세기경에 지어진 건물이라고 하니 900년 세월 동안 풍상을 견뎌온 셈이다. 기적적으로 보존된 이 건물의 구조미와 역사적 가치에 대해 누구도 이의를 달지 않지만, 순수하게 건축적으로 본다면 그다지 완성도가 높은 건물이라 보기는 어렵다. 오히려 집의 규모에 비해 지나치게 많은 기둥들과 구조 부재들은 비경제적으로 보인다.

봉정사에는 극락전 외에도 고려 말에서 조선 초기의 것으로 보이는 대웅전, 조선 중기의 승방인 고금당, 조선 후기의 대방인 화엄강당 등 각 시대를 대표하는 건물들이 있어서 '살아 있는 야외 목조 건물 박물관'의 역할을 충실히 한다. 그러나 각 건물들의 시대적 차이는 전문가가 아니면 감지하기 어렵다. 전문적인 용어로 말하자면 주심포계, 다포계, 익공계의 전형적인 구조형식을 가진 건물들로 학술적으로는 매우 중요한 의의를 갖지만, 일반인들의 눈에는 그저 나무 기둥 위에 기와 지붕을 얹은 고만고만한 건물에 지나지 않는다.

봉정사 고금당

봉정사 화엄강당

건물들의 구조적 건축사적 중요성보다 더 큰 봉정사의 매력은 천등산 줄기와 기막히게 얽혀 있는 가람의 전체 구조다. 옆으로 길게 펼쳐진 능선에 기대어 앉은 가람은 좌우로 2개의 마당을 만들며 역시 옆으로 길게 펼쳐진다. 가람은 산 중턱의 높은 곳에 평지를 만들어 자리잡고 있기 때문에 입구에서 입구 누각까지는 촘촘한 계단을 올라야 한다. 그러나 계단 역시 길게 펼쳐지기 때문에 급하다거나 야단스러운 느낌을 주지는 않는다.

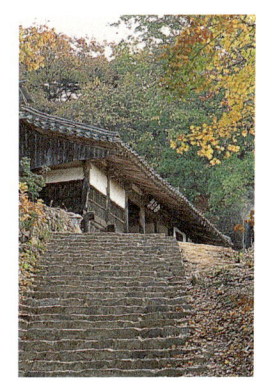

영산암 입구의 촘촘한 계단

그런데 뭐라 해도 봉정사 건축의 백미는 동쪽 능선 위에 자리잡은 작은 암자인 영산암이다. ㄷ자 모양의 승방 건물로 감싼 마당에 작고 초라한 법당 두 동이 놓여 있을 뿐이다. 건물의 질도 본 절인 봉정사의 것과 비교할 수 없을 정도로 엉성하고 빈약하다. 그럼에도 불구하고 영산암은 한국 건축이 이룬 최고의 성취임에 분명하다.

사찰 건축을 제대로 보기 위해서는 특정 건물이나 화려한 색상에 초점을 맞추지 말고 건물과 건물 사이에 만들어지는 비어 있는 공간에 주목해야 한다. 영산암의 경우 구체적으로 마당이다. 영산암의 마당은 아래 위의 크고 작은 마당으로 이루어져 있다. 두 마당은 3단 정도의 계단으로 나누어져 있다. 하지만 그 계단의 공간 분할 기능은 극히 미미한 수준이어서 두 마당을 분명하게 갈라놓지는 않는다. 얼핏보면 붙은 것도 분리된 것도 아닌, 어정쩡하고 애매한 마당으로 보이기도 한다. 그러나 영산암의 마당은 분리와 통합을 동시에 획득하고 있다. 그것도 대단한 건축적 고려나 정교한 구조물에 의해서가 아니라 한 그루 소나무를 통해서.

영산암의 두 마당 사이에는 바위가 하나 놓여 있고 바위 사이에는 잘생긴 소나무 한 그루가 있다. 세심한 주의를 기울이지 않으면 원래부터 있었던 자연물인 것같이 보이지만, 자세히 보면 일부러 그 자리에 심은 것임을 알 수 있다. 그런데 이 소나무를 볼 때, 그 형태를 감상하기보다는 그것이 만들어내는 그림자에 주목해야 한다. 이 그림자는 아래의 큰 마당과 위의 작은 마당이 연결된 부분에 절묘한 그늘을 만들고, 그 그늘은 두 마당이 마치 분리된 것처럼 보이게 만들며 각 마당에 독립성을 부여한다. 그러나 그림자는 어디까지나 허상이다. 따라서 두 마당은 관념적으로만 분리되며 실제로는 항상 하나로 통합되어 있다. 이처럼 분리와 통합, 실상과 허상을 동시에 획득하는 장치가 작은 소나무 한 그루라니, 놀랍지 않은가.

영산암은 1990년 초 전 세계 영화계의 각광을 받은 '달마가 동쪽으로 간 까닭은'의 촬영 장소로서도 유명하다. 선(禪)적인 모티브를 주제로 삼은 이 영화를 완성하기 위해 배용균 감독은 전국의 사찰을 누볐다고 한다. 감독의 눈에도 영산암은 선적인 이미지와 명상의 분위기로 가득한 곳으로 보였을 것이다.

선사가 손을 들어 달을 가리킬 때, 미망에 사로잡힌 제자들은 달을 보지 못하고 선사의 손가락만 본다고 했다. 봉정사에서는 극락전이라는 건물에만 집착하는 미망을 거두어야 한다. 그렇다면 그것은 흡사 달을 가리키는 손가락을 쳐다보며 손가락이 길네 짧으네, 소득 없이 번잡을 떠는 것과 같다. 그러나 영산암 마당의 한 그루 소나무 그림자를 보는 것은 달의 실체에 다가가는 일이다. _ 回

화엄사 구층암 승방

# 모과나무로
# 구현한
# 자연주의

명산에 자리한 고찰은 크고 작은 암자들을 가지게 마련이다. 옛 큰스님들은 깊은 산속에 작은 초막을 짓고 정진했기 때문이다. 이처럼 행정적인 처리나 재정 운영은 큰 절에 의지하고 있지만 독자적인 수행 공간으로 사용되는 작은 절을 암자라 부른다. 재가불자들을 위한 대규모 법회는 본절에서 개최되며, 암자에는 소수의 스님들과 소수의 신도들만 찾을 뿐이다.

중생의 교화보다는 개인적 수행을 중시했던 암자의 건축적 특징은 단순 소박에 있다. 형식보다는 내용을 훨씬 중요하게 여겼기 때문이다. 그리고 수행하는 스님들의 개성을 따라 지어지므로, 일반 가람에서는 보기 드문 특이한 형태도 나타나게 된다. 세속적 평가나 아름다움의 기준에 연연하지 않기 때문이다.

지리산 화엄사에도 14개의 암자가 있었다고 한다. 화엄사 정도의 명찰에 속한 암자들은 웬만한 가람을 능가하는 큰 규모를 보여주기도 한다. 암자를 찾는 신도나 스님들이 많았기 때문이다. 아직도 화엄사에는 지장암, 봉천암, 금정암 등 8개의 암자가 있다. 그러나 제아무리 큰 규모의 암자라 하더라도 지리산의 깊은 골짜기에 있기 때문에 본절에 비해 방문하는 이들은 드물다. 그리고 이들의 건축적 특성 역시 노출되지 않아 일반인들은 주목하지 못하고 있다. 특히 구층암은 본 절에서 불과 500m밖에 떨어져 있지 않고 건축적 내용도 대단하지만, 그 참다운 가치를 알아주는 이들이 별로 없다.

암자의 건축적 특징은 단순 소박에 있다.
또한 암자는
주인 스님의 개성에 따라 지어지므로
세속적 기준이나 평가에 연연해 하지 않는다.

화엄사에 딸린 암자 가운데 옛 모습을 가장 잘 간직하고 있는 구층암에는 천불보전과 수세전, 그리고 두 채의 요사채만 있을 뿐이다. 천불전 안에는 작은 불상 1,000구가 봉안되어 장관을 이루며, 지붕 밑에는 거북이와 토끼의 설화를 묘사한 민화풍의 조각상들도 장식되어 있다. 그 앞 대방채에도 곳곳에 사자상이나 코끼리상들이 조각되어 서민적인 냄새가 물씬하다.

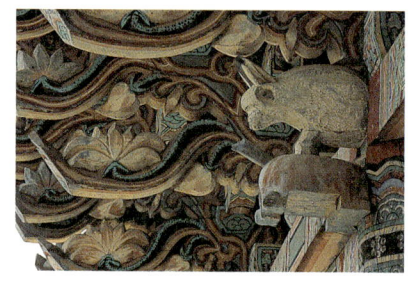

천불보전 지붕에 있는 거북이와 토끼의 설화를 묘사한 조각상

대방채 지붕 밑에 조각되어 있는 사자 상과 코끼리상

그러나 무엇보다도 소중한 것은 대방채를 이루는 전면기둥이다. 100년은 넘었음직한 큰 모과나무를 베어서 전혀 다듬지 않고 생긴 그대로 기둥으로 사용했다. 나뭇가지의 흔적뿐 아니라, 움푹 패인 나무의 결과 옹이까지도 생생하다. 밑둥은 하나지만 위는 두 갈래로 갈라진 Y자형 기둥이 지붕틀을 받치고 있다. 휘어진 기둥이나 부분적으로 다듬지 않은 기둥은 드물지 않게 나타나지만, 이처럼 철저하게 손을 대지 않은 기둥은 찾아보기 어렵다. 그것도 하나가 아니라 여러 개를 사용한 예는 구층암 승방뿐이다.

구층암 대방채의 모과나무 기둥. 전혀 다듬지 않고 생긴 그대로 사용했다.

모과나무는 소나무와 달라서 쉽게 굵어지지 않는다. 오래된 모과나무라 해도 그 굵기가 가늘기 때문에, 다른 목재처럼 다듬어 사용하면 너무 가늘어져 건축자재로는 적합치 않게 된다. 그럼에도 불구하고 굳이 모과나무를 생긴 그대로 기둥으로 사용한 것은 특별한 의도가 있을 것이다. 일본 건축에서는 목조 건축의 부재를 흑목조와 백목조로 구분한다. 백목

구층암 천불전의 1,000구나 되는 작은 불상도
감동적이지만, 그보다 소중한 것은
대방채의 모과나무 기둥이다.
움푹 패인 나뭇결과 옹이도 생생하다.
자연주의적 건축관의 가장 높은 경지를 그 기둥에서 본다.

조란 나무의 껍질을 벗기고 다듬은 흔히 볼 수 있는 부재를 말하고 흑목조는 껍질을 벗기지 않고 생나무 그대로 잘라서 만든 부재를 말한다. 흑목조에 대해 일본인들은 그들의 자연친화적 건축의 특성을 세계적으로 선전하고 있다. 흑목조가 뜻하는 것은 자연의 일부를 인공적인 건물 안에 살렸다는 의미다.

그러나 구층암 승방의 모과나무 기둥은 그것과는 차원이 다르다. 자연의 일부를 삽입한 것이 아니라, 모과나무가 자라서 기둥이 되고 지붕이 된다는, 자연이 곧 건축의 뼈대라는 근원적인 생각을 나타낸다. 확대 해석을 한다면 나무의 밑둥은 기둥이요, 줄기는 보가 되며, 잔가지는 서까래와 지붕이 된다. 인공적인 건축물은 곧 자연의 일부요 확장이라는, 자연주의적 태도의 가장 높은 경지를 확인하게 하는 것이다.

나무라는 재료는 가장 쉽게 사용할 수 있고, 아름다운 효과를 기대할 수 있는 매우 우수한 건축재료다. 구할 수만 있다면 동서를 막론하고 가장 선호하는 재료다. 한국 건축의 주된 재료가 나무인 까닭은 우리나라 산에 양질의 나무들이 많아 쉽게 구할 수 있다는 경제적 이유가 컸다. 그러나 어디까지나 자연을 빌려온다는 생각에서 그 사용량을 최소화하려 했고 가급적 인공적인 가공도 최소에 그쳤다. 휘어진 나무는 휘어진 대로 사용했고 북사면에서 자란 나무는 건물의 북쪽에, 남사면에서 따뜻한 햇빛을 받고 자란 나무는 건물 남쪽에 사용했을 정도였다. 나무란 건축재료 가운데 유일한 생명체였으며 생전의 생장환경과 가장 유사한 상태를 유지하는 것이 재료의 수명을 오래할 수 있다는 깨달음이 없었다면 도저히 나올 수 없는 발상이다. 그리고 옛 사람들은 그것이 자연의 베풂에 대한 최소한의 예의라고 생각했다.

구층암의 모과기둥은 우리네 전통 건축의 자연주의적 태도를 극명하게 드러내는 소중한 예다. ▫

구층암 승방의 모과나무는
자연이 곧 건축의 뼈대가 된다는
근원적인 생각을 나타낸다.
나무의 밑둥이 기둥이요
줄기는 보가 되며
잔가지는 서까래와 지붕이 된다.

선 암 사 승 방

# 고결한
# 삶을 보듬는
# 건축적
# 지혜

가람은 무엇인가? 물론 부처님이 계시는 불국토이며, 불자들의 예불 장소이다. 또한 스님들이 생활하는 수도원이기도 하다. 출가한 스님들이 먹고 자고 수행하는 집인 것이다.

과거 산중 불교 시절, 웬만한 절에는 수십 명 내지 수백 명의 스님들이 거주했다. 이들은 각자 맡은 바 소임을 가지고 조직적인 수행 공동체를 형성하면서 가람을 유지해 왔다. 어떤 분은 수행에만 전념하는 이판승의 소임을, 어떤 분은 가람의 살림과 포교를 담당하는 사판의 소임을 맡는다. 사판 가운데도 재무나 총무와 같은 행정승이 있는가 하면 먹을거리를 담당하는 원주 스님과 같이 살림승도 있다.

스님들이라 하여 고고한 모습으로 수행만 하는 것은 아니다. 산에서 나무를 해와 불을 때는 것과 같은 궂은 일도 마다 않는다. 이 때문에 사찰에는 스님들의 생활을 담을 수 있는 물리적인 공간이 필요하고, 그것들을 통틀어 승방이라 한다.

순천 선암사나 고성 옥천사와 같이 큰 절에는 한때 300여 명의 승려가 거주했었고, 이들을 위해 10여 동의 승방이 필요했다. 현재 선암사에는 심검당, 적묵당, 해천당, 무량수각 등 대규모 승방이 4동, 주지실, 응향각 등 중소 규모 승방이 10여 동 남아 있다. 과거 선암사에는 6방사가 있었고, 고성 옥천사는 12방사가 있었다고 기록으 대웅전을 중심으로 본 선암사 정경.
그러나 스님들이라 하여
고고한 모습으로 수행만 하는 것은 아니다.
밥지어 먹고 잠도 자야 한다.
이 때문에 사찰에는 스님의 생활을 담을 수 있는
물리적 공간인 승방이 있다.

로 전한다. 각 방사는 독립된 조직으로서 취사와 생활을 승방별로 운영했었다. 따라서 각 승방에는 별도의 부엌과 후원이 조성되었고, 생활용수 조달을 위한 커다란 물통과 설거지 통, 음식물을 빻기 위한 대형 맷돌 등을 구비하였다. 지금도 선암사에는 이런 생활 도구들이 잘 남아 있다. 그러나 모든 승방들의 용도가 같은 것은 아니었다. 선암사의 대형 승방들은 ㅁ자형으로 구성되어 부엌과 창고, 개별 승방들은 물론, 대방이라 불리우는 큰 방이 마련된다. 이 방은 공양, 참선 수행, 경전 강론, 신자 접객 등 다양한 용도로 활용된다. 또한 스님들의 휴식을 위한 누각마루와 안마당도 만들어졌다. 이 시설들은 서로 크기와 높이가 다르다. 승려 1인을 위한 개별 승방은 작고 아늑한 방이지만, 대방은 30여 명이 활동할 수 있도록 6~8칸 크기이며 높이도 높다. 창고와 누각마루는 보통 방들보다 한층 높은 2층에 설치되어야 하고, 부엌은 오히려 낮은 곳에 있어야 한다. 따라서 이런 대규모 승방은 1층과 2층 공간이 뒤섞인 대단히 입체적인 구조를 가지게 된다.

선암사 심검당이나 무량수각의 안마당에 들어가면 방들 위에 다락마루가 있어서 음식물 보관 창고로 이용하거나, 더운 여름철 스님네들의 시원한 쉼터로 사용된다. 다락에 걸린 통나무 사닥다리를 이용해 2층으로 올라가면, 확 터진 마루가 나타나고 그 속에 다시 작은 사닥다리를 오르면, 대방 위의 지붕 속으로 들어갈 수 있다. 이를테면 비밀스러운 3층 공간까지 마련된 셈이다.

대중들이 모이는 대방은 보통 방들보다 깊이가 깊고, 지붕도 커질 수밖에 없다. 밖에서 보면 크고 높은 지붕면과 그 옆면 마구리에 붙은 박공널 모습이 승방의 상징같이 부각된다. 대개의 승방 건축은 마치 복합적인 승단의 생활을 반영하듯 입체적이며 경건하면서도 믿음직한 주지 스님의 모습처럼 굳건한 외관을 가진다.

승방은 스님들의 일상 생활 공간이므로 일반의 출입이 금지된다. 아무리 성직자라도 세수나 빨래, 용변 등 자질구레한 일상사를 피할 수 없으며, 그러한 생활이 일반

대규모 승방은 1층과 2층이 뒤섞인
대단히 입체적인 구조다.
수행과 공양, 경전강론과 신도 접객이
모두 이곳에서 이루어져야 하기 때문이다.
한 사람을 위한 작은 방도 있고
30여 명이 활동할 수 있는 큰 방도 있다.
승방에는 스님들의 일상이 담겨 있다.

불자나 방문객에게 노출되면 성직자로서의 위신에 문제가 생기기 마련이다. 또한 호기심으로 가득한 방문객들의 간섭에 스님들의 사생활이 침해받을 수도 있다. 그래서 사찰의 승방은 일반인들의 시선으로부터 비껴나 있을 수밖에 없다.

승방 내부의 출입을 통제하기 위해서 절묘한 방법을 사용한다. 보통 승방은 담장과 건물벽으로 감싸지며, 유일한 출입구를 통해서만 안마당으로 들어갈 수 있다. 그런데 그 출입문은 다름 아닌 부엌문이다. 부엌을 통해서만 출입할 수 있도록 의도한 것이다. 대문인 줄 알고 열어보면 부엌이니, 익숙치 않은 이들은 이내 돌아서고 만다. 또한 부엌에는 항상 아궁이를 관리하거나 음식을 장만하는 이들이 있게 마련이다. 아무리 강심장인 외부인이라도 스스로 물러서게 된다.

전국 사찰 가운데 선암사에 있는 4개의 ㅁ자형 승방들은 가장 규모가 크고 짜임새 있는 우수한 건물들이다. 그러나 선암사의 승방들만 그런 게 아니었다. 전국 어느 사찰이나 그윽하고 훌륭한 승방들이 있었다. 단지 일제강점기를 거치면서 스님들이 줄어들었고, 해방 후의 전란과 화재, 그리고 무분별한 철거와 신축 등으로 그 흔적을 찾아보기 어려울 뿐이다. 다시 말해서 선암사의 승방들은 가장 충실하게 옛 모습을 보존하고 있다. 건물만 보존된 것이 아니라, 스님들의 삶 자체가 옛 모습을 간직하고 있다. 아직도 선암사의 승방들은 수십 명의 스님들로 가득 차 있고, 수행과 강론이 벌어지고 있다. 선암사의 승방들이 보존된 것은 스님들의 생활이 지켜지고 있기 때문이기도 하다. 선암사 스님들의 노력과 수행 생활이 없다면 선암사의 그 아름다운 승방들도 곧 사라지고 말 것이다. 승방 건축은 왜 아름다운가? 거기에는 스님들의 치열한 수행과 체계적인 생활과 여유로움이 있기 때문이다. ▫

승방의 부엌문은 출입문이기도 하다.
부엌을 통해서만 출입할 수 있도록 함으로써
외부로부터의 불편한 간섭을 차단한 것이다.
격리가 아닌 방식으로 수행자의 일상을 지키는 것,
옛 승방의 지혜다.

소박함: 가람과 절제의 미학

강화 정수사

# 작은 것이
# 아름답다

올림픽의 성화를 그리스 올림피아산 정상에서 채화하듯이, 우리나라 전국체전의 성화는 강화도의 마니산 참성단에서 태양빛을 모아 점화시킨다. 마니산 정상에 있는 참성단은 바로 민족의 기원인 단군을 제사 지내는 곳이고, 마니산은 그래서 민족의 성산으로 숭상되어 왔다. 그러나 단군 설화는 한민족이 한반도에 이주하기 전에 이미 만들어진 설화였고, 그 공간적 무대는 중앙 아시아나 동북부 중국쯤이어야 했다. 한반도 중부에 있는 섬에, 그것도 해발 468m밖에 되지 못하는 낮은 산이 어떻게 단군의 성지가 되었을까?

우리나라에서 4번째로 큰 섬, 그러나 수도권에서 다리 하나로 연결된 가까운 섬. 강화도는 그래서 큰 환란이 있을 때마다 민족의 정통성을 지켜준 수호의 섬이었다. 대제국 몽골의 침략에 맞서서 20여 년을 버텨낸 것도 강화도의 절묘한 힘이었다. 그래서 이 섬은 실제 크기 이상으로 중요한 민족적 상징이 되었고, 마니산의 신화성 역시 그 역사적 결과는 아닐까?

신화화의 과정이야 어찌되었든, 이같은 성산에는 필연코 성스러운 가람이 있어야 한다. 강화도에서 가장 유명하고 규모가 큰 가람은 전등사인데, 그래서 전등사가 마니산을 지키는 가람이라고 오해하기 쉽다. 그러나 전등사는 정족산에 있는 가람이고, 마니산의 가람을 굳이 찾는다면 정수사라는 작은 절이다. 법당 하나와 삼성각, 그리고 요사채가 있는 정도의 터도 좁고 건물도 작은 그런 사찰이다. 전등사와는 규모 면에서 비교할 수도 없다. 그러나 이처럼 작은 가람에 보물 161호로 지정된 법

민족의 영산으로 불리는 마니산을 지키는 가람은
정수사라는 아주 작은 절이다.
터도 좁고 건물도 작다.
하지만 정수사는 작음이
결코 볼품없음이 아님을 일깨워준다.

소박함: 가람과 절제의 미학

당 건물이 있다. 그 연원이 오래인 까닭이다. 세종 5년 1423년에 세워진 건물이다.

현존하는 목조 건물의 99.9%는 임진왜란 이후에 세워진 것으로 기껏해야 200~300년 전의 것들이다. 임진왜란 이전의 건물은 수십 개에 지나지 않는 것이다. 따라서 정수사 법당의 소중함은 좀 과장한다고 해도 그리 허물이 되지 않을 것이다. 그런데 왜 이렇게 소중한 건물을 '법당'이라고만 부를까?(현재는 '대웅전'으로 현판을 바꾸었다.) 보통 가람의 법당들은 대웅전이나 극락전, 관음전 등의 건물 이름이 있고, 문화재 명칭도 그 이름을 따른다. 비단 정수사만 '법당'이라는 일반 명사로 부르는 것은 특별한 까닭이 있을 것이다.

정수사는 규모도 작지만 위치도 마니산 높은 곳, 인가와는 뚝떨어진 곳에 자리잡았다. 큰 절이 아니라 암자가 자리함직한 터다. 암자는 일반적으로 일반 재가신도들의 법회나 불공을 위한 공간이 아니라, 수행하는 스님들 몇 분을 위한 생활터요, 수행처였다. 따라서 규모가 클 필요도 건물이 많을 필요도 없었다. 그래서 암자의 건물들에는 뚜렷한 이름이 없다. 부처님을 모신 집이면 '법당', 스님들의 생활처면 '요사채'라 부르면 그만이다.

그나마 작은 암자에는 법당과 요사채가 하나의 건물 안에 있는 경우도 많다. 건물의 가운데 큰 방에는 부처님을 모셔서 법당 공간으로 사용하고, 양옆의 방들은 스님들이 기거하는 승방이 된다. 이러한 복합 건물들은 서울 근교의 작은 절들에서 많이 볼 수 있고, 이를 통칭해서 '대방채' 또는 '인법당'이라 부르고 있다. 한 건물을 이처럼 복합용도로 쓰는 이유는 분명하다. 땅도 좁고 재정도 없어서 독립된 건물을 지을 여력이 없었기 때문이기도 했지만, 스님 몇 분이 기거할 암자를 필요 이상으로 크게 하지 않으려는 절제심의 발로로 보아야 할 것이다.

'법당'이라는 명칭으로 미루어 보아 정수사는 재가 신도 대상의 절이기보다는 수행

정수사 법당은 참으로 소박하다.
부처님을 모신 방 앞에 툇마루까지 놓았다.
스님 몇 분이 기거할 암자를 필요 이상으로
크게 하지 않으려는 절제심의 발로다.

중심의 암자 성격이 강했던 모양이다. 그러나 마니산 정상에 오르는 중요한 교통로에 있기 때문에 보통 암자보다는 여러 가지로 형편이 넉넉했을 것이다. 정교하게 지어진 법당 건물이 그 증거다. 그렇다고 해서 사치하지도 않았다. 법당 건물은 정면 3칸, 측면 4칸의 자그마한 건물인데 정면에 툇마루를 만들었기 때문에 내부는 더더욱 좁다.

법당 건물에 툇마루를 놓은 것은 안동 개목사 원통전을 포함해 전국에 두 곳뿐이다. 법당 앞에 툇마루는 법당의 이미지를 소박하게 만든다. 장엄을 뽐내야 할 큰 절의 법당에는 있을 수 없는 서민적 공간 요소다. 법당 앞에는 작은 마당이 있는데, 마당 끝은 축대와 자연 절벽으로 이루어진다. 특히 서쪽 경계를 이루는 높지 않은 절벽은 위압적이기보다 친근하며, 웅장하기보다 아담하다. 마치 암석으로 만든 담장과도 같다. 서민적 형식의 법당에 너무나 잘 어울리는 절벽이며 바위이다. 이 절벽(바위) 위에서 법당과 마당을 내려다보는 경치도 일품이다. 어쩌면 이렇게 건물과 마당이 잘 어울릴 수 있을까?

정수사 법당 앞에 작은 마당이 있는데 마당 끝은 절벽과 축대로 이루어져 있다. 서민적인 법당에 잘 어울리는 절벽이다.

그런데 법당 건물을 유심히 살펴보면 이내 곧 이상한 모습이 눈에 띈다. 건물 지붕의 앞면이 뒷면보다 긴, 짝지붕인 것이다. 지붕의 용마루(앞면과 뒷면이 만나는 가장 높은 부분)가 건물의 중심에 놓인 것이 아니라, 법당 내부 공간의 중심에 놓였기 때문이다. 다시 말하면 4칸의 깊이 가운데, 앞 1칸은 툇마루가 있는 개방 공간이며, 뒤의 3칸이 법당 내부인데, 용마루는 바로 뒤 3칸의 중앙에 놓였다. 바깥으로 드러나는 위용을 강조하기 위해서는 건물 전체의 중앙에 놓는 것이 효과적이지만, 이 건물은 바깥의 위용보다 내부 공간의 분위기를 더욱 중요하게 생각한 것이다. 겉모양보다 내실을, 형식보다 핵심을 중요한 가치로 삼았던 암자의 공간적 미학이요 윤리인 셈이다.

정수사 법당의 지붕은 앞면이 뒷면보다 긴 짝지붕이다.
용마루가 건물의 중심이 아니라
법당 내부 공간의 중심에 놓였기 때문이다.
바깥으로 드러난 모습보다는
내부 공간을 더 중요하게 생각한 것이다.
내실의 미학, 암자의 공간 미학이요 윤리학이다.

# 사찰 건축, 어떻게 이해할 것인가

**대중종교로서의 불교와 조형예술**

원시 불교의 교리는 인도 전래의 바라문 신앙과 그다지 큰 차이가 없었다. 불교 교리의 핵심이라 할 수 있는 윤회와 업 사상은 석가모니 재세시 인도에서는 상식적인 사상이었고, 자이나교나 힌두교도 모두 공유하는 교리였다. 불교가 인도 전역에 급속도로 전파되고 아시아권 전체의 국제적 종교로 발전할 수 있었던 차별적 원인은 곧 '사성평등四姓平等'의 교리에 있었다. 사성평등이란 인도 전래의 4대 카스트인 브라만·크샤트리아·바이샤·수드라의 계급적 차별을 혁파하려는 평등 사상이다. 이 사회적 사상은 불교의 자비 정신으로 승화되었고, 고대 인도의 재편기에 사회적 실세였던 거상들과 부호들의 재정적 지원을 받아 새로운 사회적 이상으로 수용되었다. 나카무라 하지메, 《불타의 세계》, 학습출판사, 도쿄, 1980. 이 자비와 평등의 사상은 중앙아시아와 중국을 거치면서 '대중 구원, 사회 구원'의 대승불교로 심화되어 소수 지식층의 종교가 아닌 대중 종교로 확대되었다.

불교의 교리는 엄청난 양의 경전으로 전해졌지만, 일상적 포교는 문자를 통해서 이루어지지 않았다. 대다수 민중들이 문맹이었던 상황에서 경전이란 몇몇 학승들의 전유물이었다. 대중들의 직접적인 신앙 대상은 불탑과 불상과 불화였고, 더 나아가 그것들을 종합한 사찰 건축이었다. 불교의 조형 예술은 가장 적극적인 포교의 수단이었으며, 동시에 일차적인 신앙의 대상이었다. 따라서 불교 문화의 최대 장르는 당연히 조형 예술인 회화와 조각, 공예와 건축일 수밖에 없었고, 문자를 매개로 하는 문학은 그 근원성에도 불구하고 그다지 발달하지 못했다.

이는 조선조의 유교 문화와는 극단적으로 상반되는 성격이었다. 소수 엘리트들이 독점했던 유교 사상은 문자와 어려운 문장을 통해 관념적 사유가 지고의 가치를 갖게 되어, 눈에 보이고 손으로 만질 수 있는 조형예술을 하찮은 것으로 여기게 된 반면에 추상적 문학이 유교적 사유를 표현하는 매개가 되었다. 예컨데 불교 시대였던 신라나 고려의 조각 예술과 유교 시대 조선의 조각을 비교해 보라. 조선조의 조각은 무덤의 호석들을 제외하고는 장르마저 사라진 것이 아닌가 할 정도로 쇠퇴하고 말았다. 용을 깎으면 뱀이 되어 버리고 호랑이를 새기면 고양이가 만들어지는 것이 조선시대 조각의 질적 수준이었다. 그림은 어떠한가? 대부분 일본에 탈취 당했지만, 고려 불교 회화의 장엄함과 사실적 수법을 조선 회화에서 찾아보기는 어렵다. 고려 청자의 예술성과 조선 백자의 일상성의 차이 역시 불교적 조형관과 유교적 조형관의 차이라 해도 지나친 말이 아니다.

안동 천등산 골짜기 시골 사찰인 봉정사의 건물을 그처럼 섬세하고 아름답게 지을 수 있었던 사회적 역량은 고려시대의 사회적 생산성이 높았기 때문이 아니라, 고려시대가 조형 예술을 우선으로 하는 불교 문화의 시대였던 까닭이다. 사회의 모든 경제권과 정치력과 지식을 독점하고 있었던 조선시대 유학자들의 건축, 이를테면 향교나 서원은 왜 그리 소박하고 초라하고, 반면 사회적 억압과 빈곤과 무식의 계층이었던 조선조 승려들의 절집은 왜 화려하고 거창한가? 경제사적 또는 정치사적 관점에서는 그 이유를 전혀 찾아낼 수 없다. 두 문화가 가지는 조형 예술에 대한 근본적인 인식의 차이에서만 이유를 찾을 수 있다.

## 불교예술의 표현주의와 사실주의

불교의 경전에는 종교적 장엄에 대한 찬양이 유난히 많다. <묘법연화경>에도 "꽃으로 장식하기 헌화, 탑 쌓아 바치기 조탑 공양, 불상과 불단을 장엄하기" 등은 부처에 대한 최고의 경배라고 적고 있다. 그 밖의 많은 경전들에서도 불상과 불전을 화려하게 장엄하기를 권장하고 있다. 실제로 대부분 사찰의 전각에서 화려한 단청과 목조 부재의 형상은 연꽃과 봉황 등 사실적 소재를 모티프로 하고, 벽화들은 경전에 등장하는 내용들을 매우 사실적으로 그리고 있다. 통도사 영산전과 극락전에 그려진 벽화를 보라. 다보탑의 구조는 마치 실제 건축물인 양 정밀하게 묘사했고 <반야용선도>에 승선한 인물들의 표정은 서로 다르면서도 극락왕생의 기쁨에 가득한 생생한 모습들이다. 장엄의 측면에서는 매우 표현적이면서도 기법상으로는 사실주의적 경향을 동시에 갖는 것이 불교 예술의 특성이다. 최고의 조각 예술품으로 꼽는 석굴암의 본존불은 "사실적인 동시에 환상적인" 경지의 극치라 할 수 있고, 이는 불교 예술의 궁극적 지향점이었다.

사찰의 건축 구성이 복잡하고, 건물의 장식이 화려한 까닭은 조형적 감동을 통해서 종교적 신심을 끌어내기 위함이다. 물질과 관념을 엄격히 구분했던 유교적 세계와는 달리, 불교도에게 물질은 곧 관념이고 관념이 곧 물질이다 色卽是空 空卽是色. 여기서 색色을 물질 혹은 존재로, 공空을 관념 혹은 무無로 대입해도 무방하다. 존재와 무 사이의 차별이나 물질과 관념 사이의 이원론을 인정하지 않는 불교적 인식론은 감각적으로 보고 만질 수 있는 조형 예술을 발전시킨 근원적인 이유가 되었다.

불교적 사고에 의하면 건축물은 존재 그 자체로 의미를 갖는다. 다시 말하면 개개의 건물과 공간이 주체적 존재인 것이다. 불교적 공간 속에는 대중을 위한 쓰임새를 담아야 하기 때문이다. 따라서 불교적 공간은 개방적이며 공공적인 성격을 갖는다. 또한 종교적 상징성은 물질적 상징물로 표현된다. 이 역시 유교 건축의 추상적 상징성과는 대비가 된다. 불전·불상·탑 등의 가시적인 상징물들은 말할 것도 없고, 선종 사찰들의 절제된 구성 속에서 공간과 여백조차 실제적 존재로 나타난다.

## 부분적 총합으로서의 전체 - 집합성과 전체성

불교 건축은 매우 복합적이다. 사찰은 기본적으로 대중에게는 불보살에 대한 경배의 공간이고, 승려들에게는 수행의 공간이다. 고려시대에는 여기에 지역 사회의 문화 중심 역할까지 부가되었고, 교통 중심으로서 여관과 시장의 기능도 가지고 있었다. 그런데 이 요구들은 쉽게 융화되기 어려운 성질들이었다. 예컨대 시끄러울 수밖에 없는 대중용 예불 공간은 청정한 수도원 기능과 상극일 수밖에 없다. 기능적 복합체로서 사찰이 구성되기 위해서는 여러 쓰임새들이 독자적으로 이루어질 수 있어야 한다. 예를 들어 고려시대 법상종의 중심 사찰이었던 금산사는 대사구·봉천원·광교원의 커다란 세 영역으로 구성되었다 김영수, 〈금산사지〉. 대사구大寺區는 현존 사역과 일치하며 대중적 예배영역이었고, 봉천원奉天院은 지역 사회 중심으로서 여관과 대민 시설들이 있던 영역, 광교원廣敎院은 수도원 영역이었다고 추정된다. 각 영역들은 전체에 부속된 부분이라기보다는 그 자체로서 독자적인 기능을 가진 건축적 완결체였다.

불교 건축이 복합적일 수밖에 없는 또 하나의 이유는 복잡하게 전개되어 온 교리와 교단의 역사였다. 석가모니에서 시작된 불교는 소승과 대승불교로, 다시 현교와 밀교로, 또 교종과 선종으로 가지에 가지를 치면서 성장해 왔다. 동아시아에서 교종은 다시 법상종·유가종·화엄종 등으로, 선종은 조계종·임제종·조동종 등으로 더욱 복잡하게 분파되어 왔다. 여러 종파들은 독자적인 교단과 문화적 형식을 가지게 되었고, 고유한 교리와 함께 고유한 사찰의 건축 이론을 형성해 왔다. 여기까지는 그래도 어느 정도 체계를 발견할 수 있다. 그러나 문제는 한국 불교가 회통성 또는 통불교성이라는 특징을 갖는다는 점이다. 법상종의 사찰에 선종의 성격이 가미되기도 하고, 교종 사찰이 종파를 바꾸어 선종이 되기도 한다. 그러한 변화가 있을 때마다 사찰에는 여러 가지 건축 이론과 형식이 퇴적되고 중첩되어 일정한 체계를 찾기 어렵게 되어 버렸다. 특히 임진왜란 이후에는 종파도 없고 교지도 없는 이른바 '통불교通佛教'가 유일한 불교로 자리 잡으면서, 기존의 모든 교종적 선종적 밀교적 요소가 혼합되어 버렸다.

따라서 한국의 불교 건축을 대할 때 주목해야 할 것은 "각 부분들을 어떻게 형상화했으며 전체적으로 완결시켰는가" 하는 점이다. 하나의 일관된 전체성 아래서 부분들을 조절해 나갔던 유교 건축과는 달리 부분과 전체에 대한 동시적인 이해를 통해 규명해야 한다.

## 국제적 보편성과 지역성

한국 불교의 역사가 아무리 오래되었고, 한국 역사에 중요한 역할을 해왔다 할지라도 불교는 인도에서 발생한 외래 종교라는 사실은 변하지 않는다. 한국 불교는 태국 등 남방 불교는 물론 인접한 중국이나 일본 불교와도 현격한 차이를 갖는다. 산신 신앙 등 토착 신앙을 수용했는가 하면, 유교나 도교의 사상도 접목하여 교조주의자들은 타락한 불교라고까지 혹평할 정도다. 그러나 적어도 고려시대 이후에는 외래 종교라기보다는 매우 중요한 고유의 전통 문화로 자리 잡아 왔다고 보아야 한다. 그럼에도 불구하고 불교 문화의 원형은 여전히 인도·중국·아시아를 잇는 국제적인 보편성을 따르고 있다. 불전과 탑으로 이루어지는 상징적 체계, 장엄의 미학과 사실주의적 조형의 원리, 교리가 지시하고 있는 중심성과 기하학적 공간의 질서 등은 변하지 않는 불교 조형 예술의 보편적인 원리가 되어 왔다.

그러나 상상과는 달리 불교 경전에서 조형 예술이나 건축의 주제와 형식을 규정한 내용은 찾기 어렵다 디트리히 제켈, 이주형 역, <불교미술>, 예경. 이 점은 불교 예술을 비통일적이고 비조직화 한 장애 요인이기도 하지만, 동시에 국제적 획일성을 탈피하여 지역적으로 다양하고 토착적인 생명력을 얻게 된 동기가 되기도 했다. 따라서 불교가 새로운 지역에 전파될 때, 건축의 형식은 그 지역의 토착적인 형식에서 출발하게 된다. 신라 최초의 사찰이 선산 지방 '모례의 집'에서 시작되었다는 기록이나 원래 궁궐로 건설하던 과정에서 사찰로 바뀐 황룡사의 예는, 불교 전래 초기에는 특정한 건축 형식이 없음을 보여 주는 증거들이다. 다시 말해서 불교 건축의 원형적 이론과 구조는 불교 고유의 원리를 따르되, 그 건축적 형식은 지역에 따라 혹은 개별 사찰의 개성에 따라 다양하게 선택되었다. 아직도 많은 시대적 유구가 남아 있는 탑파를 예로 든다면, 이러한 보편성과 특수성의 구도는 더욱 확연히 드러난다. 한국의 석탑은 인도의 스투파나 중국의 파고다와는 전혀 다른 형식적 모델을 갖는다. 뿐만 아니라 신라계·백제계·고구려계·고려계 등 다양한 지역적 시대적 형식들이 동시에 전개되었다. 그럼에도 불구하고 모든 형식들에는 공통적으로 수직성과 중층성이라는 원형적 상징구조가 기본을 이루고 있다. 국제적 보편성과 한국 건축 특유의 지역성이 혼융된 불교 건축의 문화적 속성은 조선시대의 유교 건축이나 개항 이후 기독교 건축의 문화적 양상과는 커다란 차이를 보인다. 따라서 불교 건축의 이론을 추적하기 위해서는 매우 입체적이고 복합적인 시각이 필요하다. 여기에는 근본적인 교리들과 불교사의 변화 과정, 문화 정치사적 변화, 개별 사찰의 전통과 지역적 형식, 그리고 지형에 대응한 방법을 다루어야 할 것이다.

# 조선시대 불교 건축의 구성
# 그 통불교적 교리

사찰 건축의 가람 배치 형식은 주로 형태학적 차원에서 연구되어 왔다. 그러나 형태학적 접근은 결과적인 건축 형상에 대한 분석은 할 수 있지만, 그것의 발생과 변화에 대한 근본적 원인을 밝히지는 못한다. 또한 사찰 건축이 가지는 근본적 기능, 즉 불교의 종교적 의례와 수행을 위한 건축이라는 본질적 내용에는 접근하지 못한다. 이 글에서는 불교의 내재적인 관점에서 교리의 변화와 건축 형식 사이의 관계를 밝혀 보려 한다.

종교적 기능을 충족하기 위해서 사찰 건축가들은 교리의 표현과 수도 생활의 의례를 가람 구성의 기본 원리로 삼았다. 그러나 교리의 해석과 의례는 시대와 지역에 따라 변하기 때문에 사원 구성의 원리 또한 시대와 지역에 따라 달라질 수밖에 없었다. 특히 조선시대의 경우, 불교계가 처한 특수한 정치적 경제적 이유로 독특한 구성 형식을 만들어 낼 수밖에 없었다. 이 시기의 사찰들은 통불교적 성격을 기본 원리로 삼고 각 사찰의 지리적 지형적 특성에 맞춰 변형을 구사했다. 그러므로 하나의 보편적 원리, 즉 통불교적 교리에 기반한 건축적 원리가 내재되어 있다.

## 전각 殿閣

사찰은 승려들의 수행 영역과 일반 신도 또는 승려들의 예불을 위한 영역으로 구성된다. 여기서는 예불 영역의 교리적 체계만을 다룬다.

한국 불교의 신앙 대상은 불·보살·나한·신중들이다. 그들은 열 가지로 구분한 법계法界에서 인간 이상의 존재들이다. 한국의 사찰 건축은 중국과 마찬가지로 한 건물이 한 방의 역할을 한다. 따라서 각 신앙의 대상은 자신의 건물을 가지게 되고 신앙적 위계에 따라 건물의 규모와 질 그리고 배치상의 위계가 결정된다. 물론 교리 체계의 혼란과 지형적 제약으로 인하여 명확히 구별되는 것은 아니지만, 크게 3개의 그룹, 상단上壇 중단中壇 하단下壇으로 나누어진다. 상단의 건물은 여러 부처들을 모신 곳으로 가장 중요한 위치에 놓이게 된다. 중단의 건물은 보살들과 나한들을 모신 곳으로, 상단 건물의 옆이나 뒤에 놓이게 된다. 하단下壇의 건물은 불교 혹은 토착 종교의 여러 신들을 모신 곳으로 민중 신앙과 관계가 깊다. 하단의 건물들은 규모가 작고 질도 떨어지며 사찰의 가장 구석진 곳에 위치하지만, 지형적 체계로는 중요한 위치를 차지하고 일반 신도들로부터 인기도 높았다.

특히 조선시대 사찰에서 가장 보편적인 것들은 상단의 대웅전, 중단의 영산전, 하단의 산신각들이다. 다시 말하면 고려시대의 다불신앙多佛信仰에서부터 석가모니 신앙으로 회귀했고, 한국 고유의 산신 신앙이 결부된 것으로 나타난다. 이는 불교 신도의 주류가 민중 계층인 것과 무관하지 않다.

상단의 건물들 불단佛壇

1) 대웅전大雄殿 : 조선시대에 가장 유행한 주불전이다. 석가모니는 위대한 인물(大雄)이기 때문에 대웅전이라는 명칭이 유래되었다. 석가모니 불상을 단독으로 모시기도 하지만, 대부분의 경우 좌우에 협시불이나 협시보살과 함께 삼존불을 모신다. 규모는 3×3칸이 일반적이고 5×4칸의 대규모 건물도 있다. 〈법화경〉에 근거를 둔다.

2) 대적광전大寂光殿 또는 비로전毘盧殿 : 〈화엄경〉에 근거를 둔 화엄계 사찰의 주불전이다. 비로자나불은 모든 부처의 근본이고 으뜸이며 많은 협시불을 동반한다. 따라서 5×4칸의 대규모 건물이 많으며 사찰의 주불전이 될 때는 대적광전, 부불전이 될 때는 비로전 혹은 화엄전으로 불린다.

3) 약사전藥師殿 : 약사여래는 병을 치료해 주고 고통을 덜어 주는 현실적 필요의 부처다. 약사의 세계는 동쪽 정유리정토이며, 일광 월광보살을 좌우에 동반한다. 조선조에는 대웅전의 부불전으로 많이 신앙되었다. 〈약사여래본원경〉에 근거를 둔다.

4) 극락전極樂殿 또는 무량수전無量壽殿, 미타전彌陀殿 : 대웅전과 함께 조선조 2대 불전을 이룬다. 아미타불은 서쪽 극락정토를 주관하는 내세의 부처다. 좌우 협시보살로 대세지, 관음보살을 동반한다. 〈정토삼부경〉에 근거를 둔다.

5) 용화전龍華殿 또는 미륵전彌勒殿 : 미륵은 미래에 모든 중생을 구제할 부처다. 따라서 현실 개혁을 희구했던 민중들의 열광적 신앙 대상이었다. 〈미륵삼부경〉에 근거를 두며, 흔히 서서 설법을 하는 형상을 취하므로 높은 내부 공간이 필요하기 때문에 2-3층의 외관을 이루기도 했다.

중단의 건물들 보살단菩薩壇

1) 나한전羅漢殿, 응진전應眞殿 : 석가의 16제자를 모신 건물이다. 석가가 중앙에 위치하고 양 편에 8구씩의 나한상이 봉안된다. 석가가 제자들을 거느리고 영취산에서 설법하는 광경을 재현하고 있다.

2) 팔상전八相殿 또는 捌相殿 : 석가의 생애 가운데 대표적인 여덟 장면을 그려 경배의 대상으로 삼는 건물이다. 제단 중앙에 석가모니 부처님을 단독으로 봉안하고 양옆에 네 폭씩 그림을 건다. 대웅전과 함께 중요한 법화 신앙의 건물이다.

3) 명부전冥府殿 : 죽은 후의 지옥세계에 가는 영혼들을 구제하기 위한 신앙 공간이다. 명부 신앙은 원래 인도의 지신地神 신앙에서 유래하였지만, 조선 민중들의 열띤 호응을 얻었다. 제단 중앙에 지장보살이, 양옆으로 5구씩의 명부 시왕상十王像이 앉아 있다.

4) 원통전圓通殿 또는 관음전觀音殿 : 중생의 원을 낱낱이 들어준다는 관세음보살을 예불하는 건물이다. 중단에 속하는 건물이기는 하지만 소수의 사찰에서는 주불전이 되어 상단의 위계를 갖기도 한다.

5) 그 밖의 보살전 : 문수보살과 보현보살을 예배하는 문수전文殊殿 보현전普賢殿 등이 있으나, 조선조에는 그다지 흔치 않았다.

하단의 건물들 신중단神衆壇

1) 천왕문天王門, 금강문金剛門, 인왕문仁王門 : 사찰의 출입구 역할을 하는 동시에 신중들에 대한 예경의 기능을 겸한 건물이다. 이전 시대에는 독립된 건물이었으나 축소기의 조선조에는 문의 기능과 합쳐졌다. 일반적으로 천왕문이 설치된 곳부터 불국토의 영역으로 인식한다.

2) 칠성각七星閣 : 칠성신은 중국 도교道敎에서 연원된 신들이지만 불교화 되어 신앙된다. 제단에는 조상彫像이 있는 것이 아니라, 일곱 명의 칠성신과 주존인 북극성신의 그림이 걸려 있다.

3) 독성각獨聖閣 : 천태산에서 홀로 수행하여 깨달음을 얻은 나반존자를 모신 건물이다. 1×1칸의 작은 규모에 노인 형상의 나반존자 그림을 봉안한다.

4) 산신각山神閣 : 산신은 한국 고유의 지신地神이다. 불교가 민중화 되면서 산신도 중요한 신앙 대상이 되었다. 보통 가장 작은 규모지만 찾는 사람이 많고 중요한 위치에 자리 잡고 있다.

5) 삼성각三聖閣 : 칠성·독성·산신을 함께 모신 건물이다. 이 3신은 모두 민중의 신앙 대상이기 때문에 작은 사찰에서는 하나의 건물에 모시기도 한다.

## 건물 구성의 위계와 원리

경남 고성군의 옥천사玉泉寺를 예로 들어 조선시대 통불교 사찰 건축의 전형을 살펴본다.

### 중심 불단의 구성

사리 신앙이 쇠퇴하여 탑의 중심적 의미가 약화되고, 사찰 경제의 침체로 말미암아 여러 예경 영역들이 축소 또는 단일화 하는 경향을 띠게 된다. 또한 석가모니 신앙으로의 회귀는 사바세계와 정토가 분리됐다는 이원론적 세계관으로부터 '사바가 곧 정토沙婆卽淨土'라는 일원론으로 바뀌어, 대웅전 중심의 단일 영역으로 구성되는 것이 일반화됐다. 중심역은 하나의 공간을 둘러싸는 형식으로 북쪽에 대웅전, 동쪽에 선방, 서쪽에 승방, 그리고 남쪽엔 강당인 누각을 세웠다. 상징적으로는 대웅전이 중심이 되지만, 실제적으로는 네 건물로 둘러싸인 빈 마당이 중심이 된다.

승방은 승려들의 거처일뿐 아니라 일반 신도들을 접객하는 장소이기도 하다. 대방이 있는 승방은 승려를 대상으로 한 설법과 강론이 펼쳐지는 곳이다. 승방들은 동·서향이기 때문에 중심 마당을 형성하기에는 유리하지만, 주거 공간의 필수 요소인 일조에 불리하다. 따라서 남향의 날개채를 달아 'ㄷ'자 혹은 'ㅁ'자형으로 구성되었다. 각각 내부의 중정을 가지며 중심 마당 쪽에는 대방을 두어 의례적인 기능을 수행했고, 내부 마당에 면해서는 개실을 두어 스승과 제자의 자연스런 만남이 가능하도록 했다.

불전·승방·강당의 건물 구성은 불·법·승 삼보가 하나로 귀일함을 상징하기도 한다. 삼보귀일三寶歸一은 법화신앙의 핵심이며, 이를 건축적으로 수용한 것이다. 동시에 경제적 기능적 요구를 수용한 복합적인 효과를 얻는다.

중심역 남쪽에 놓이는 누각은 2층으로 구성되며 아래는 출입구, 위는 일반 신도들의 집회소인 복합 건물이다. 조선시대 사찰 대부분이 산지에 자리했기 때문에 경사를 흡수할 수 있는 유리한 유형이었다. 조선시대에 특히 누각 건설이 유행했는데, 이는 경전에 "불국토는 많은 누각들로 이루어졌다"는 설을 수용한 결과였고, 또한 유생들이 말을 탄 채 중심 영역 안으로 침범하는 불손을 막기 위한 장치이기도 했다.

## 보살단과 신중단의 구성

조선시대 사찰에서 이 대웅전·승방·강당 누각으로 이루어지는 중심 영역은 최소한의 구성 요건이었다. 빈곤한 경제력 때문에 모든 건물을 동시에 짓지 못하는 현실적 제약이 따랐다. 일차적으로 중심 불단을 구성하고, 형편에 따라 오랜 기간에 걸쳐 여타의 다른 예경 대상을 모신 건물을 세워 나갔다. 그러나 나중에 세워진 건물들은 중심 불단의 영역을 침범할 수 없었고, 일정한 위계에 따라 세워질 장소가 정해졌다.

보살단과 신중단의 건물들은 불단의 건물군보다 중심에서 더 먼 거리에 위치한다. 이 거리는 절대적 거리가 아니라 시각적이며 감각적인 거리이다. 단일 영역으로 전체 사찰이 구성되기 때문에 불단과 보살단과의 거리가 멀어질 경우, 각 예배소 간의 연결이 어려워진다. 따라서 실제 그들 간의 거리는 시각적 인식이 가능한 한계 내에서 설정된다. 그러나 앞의 중심 불전과 뒤의 여타 예배소들이 겹쳐짐으로써, '중첩 효과'에 의해 상대적인 거리감을 유도한다. 중심 영역의 네 건물 사이의 틈새로 부불전들을 향하게 함으로써 마당의 중심에서 볼 때 주불전은 정면으로 향하게 되지만, 여타 예배소들은 빗면을 향하게 된다. 중심 축선상에 주불전을 배치하여 정면성을 강화하며, 주불전 뒤 축선상에는 극히 중요한 건물이 아니면 배열하지 않는 원칙을 지킨다.

조선 사찰들은 깊은 산속 경사지에 자리했기 때문에, 수직 레벨 계획은 아주 중요한 건축적 요소다. 계획의 첫단계는 경사지를 몇 단의 평지로 조성하는 것이다. 중간의 가장 넓은 단에 중심 불단을 위치시키며, 그 윗단에 보살단을, 가장 높은 단에 신중단의 건물들을 위치시킨다. 윗단으로 갈수록 건물의 규모가 작아져서 주불전의 위의를 한층 높여 준다.

동심원적 삼단 구조

중심 불단의 앞부분에는 건물을 세우지 않았다. 진입 공간으로 설정되었기 때문이다. 진입부에는 몇 개의 문들이 배열되는데, 가장 바깥에서부터 아래와 같은 순서로 자리 잡고 있다.

1) 사찰의 경계를 나타내는 일주문一柱門
2) 사찰 수호신을 봉안한 천왕문天王門
3) 깨달음을 상징하는 불이문不二門

일주문은 속계와 성계의 경계에 위치한 문으로 특별한 신앙적 위계를 가지지 않는다. 그러나 천왕문은 신중단의 건물이고, 불이문은 보살단의 건물이어서 그 위치와 신앙적 상징에 따라 위계화 된다. 여러 문들을 다른 불전들의 신앙적 위계와 연결해 본다면, 상단·중단·하단과 개념적 동심원을 이룸을 알 수 있다. 중심 불단을 하나의 원으로 치환한다면, 보살단에 속하는 예배소들은 그 바깥 원주상에 위치하게 되며, 신중단의 건물들은 더욱 바깥원에 위치한다. 이 같은 세 겹의 동심원 구조는 다분히 개념적이었다. 구체적인 건물군의 배열은 마당 중심에서의 상대적 거리, 정면성과 피면성, 그리고 수직 레벨의 차이에 의해 실현된다.

## 동심원적 삼단 구조의 의미

조선 사찰의 배치 구조는 불교가 처한 정치·사회·경제적 제약과 이에 따른 변화된 신앙 체계를 함축적으로 보여 준다. 원초적 신앙으로의 회귀 현상은 건축적 구성인 동심원적 삼단 형식이 불교 고유의 우주적 모델과 일치하는 결과를 낳았다. 구사론俱舍論의 수미산須彌山 모델, 십법계十法界의 모델은 모두 중첩된 원통들의 피라미드와 같은 구성을 보여 준다. 이를 평면적으로 전개한다면 중첩된 동심원의 구조를 이루며, 조선 사찰의 배치 구조와 일치한다. 이는 또한 만다라 도형의 중심성·중첩성·방사성의 성질과도 유사하다. 14세기까지 복잡하게 전개되었던 배치 형식이 하나의 유형, 하나의 단순한 구조로 축소된 것이다.

이러한 변화는 불교 회화의 구도 변화와도 맥을 같이한다. 14세기 이전까지의 불화는 수직 3분적인 구도를 보이지만, 15세기 이후의 구도는 부처를 중심으로 보살들과 신중들이 겹겹이 에워싸는 동심원적 구도로 전환된다. 사찰 구조의 틀과 동일하게 회화 구도가 변화되었다는 것은, 변화된 조선 불교의 세계관이 건축뿐 아니라 다른 조형 예술에도 일반화되었음을 의미한다.

마지막으로 조선 사찰은 외래 종교 건축으로서의 이국성을 탈피하여, 한국 고유의 성격을 획득한 점을 지적하고 싶다. 이 시기의 한국 건축계는 외국과의 교류가 거의 단절된, 가장 폐쇄적인 시기였다. 그러한 폐쇄성은 역설적으로 한국적 고유성을 형성하게 된 동인이 되었다. 그 폐쇄된 세계 안에서 한국 불교의 신앙과 건축은 자생적인 변화를 겪어 하나의 유형을 완성한 것이다. 그러나 그 유형의 건축적 완성도와 보편적 가치는 별개의 차원에서 평가해야 할 것이다.

# 찾아보기

## 개암사
### 전북 부안군 상서면 울금산

170

172

174

## 고운사
### 경북 의성군 단촌면 등운산

061

063

063

065

## 금산사
**전북 김제군 금산면 무악산**

094

096

098

## 낙산사
**강원 양양군 강현면 오봉산**

049

051

053

## 내소사
**전북 부안군 진서면 능가산**

067

069

071

## 대둔사
전남 해남군 삼산면 두륜산

100

102

104

## 마곡사
충남 공주시 사곡면 태화산

073

075

077

## 문수사
전북 고창군 고수면 문수산

112

114

116

## 범어사
### 부산시 금정구 청룡동 금정산

016

018

020

## 법흥사
### 강원 영월군 수주면 사자산

157

158

## 봉정사
### 경북 안동시 서후면 천등산

181

184

## 부석사
경북 영주시 부석면 봉황산

043

045

047

## 선암사
전남 순천시 승주읍 조계산

193

195

197

## 선운사
전북 고창군 아산면 도솔산

055

057

059

## 수덕사
충남 예산군 덕산면 덕숭산

135

137

139

## 신원사
충남 공주시 계룡면 계룡산

118

120

122

## 옥천사
경남 고성군 개천면 연화산

106

108

108

108

110

## 유가사
대구시 달성군 유가면 비슬산

028

030

032

## 은해사
경북 영천시 청통면 팔공산

129

131

133

## 정수사
### 인천 강화군 화도면 마니산

199

201

203

## 청룡사
### 경기 안성시 서운면 서운산

141

142

145

## 통도사
### 경남 양산시 하북면 영축산

160

162

164

164

## 한계사터
### 강원 인제군 북면 한계령

166

169

## 해인사
### 경남 합천군 가야면 가야산

079

081

083

034

037

## 화암사
### 전북 완주군 경천면 불명산

022

024

026

## 화엄사
### 전남 구례군 마산면 지리산

088

090

092

187

189

191

## 흥국사
경기 남양주시 별내면 수락산

147

149

151

관조 스님     김봉렬 교수     (전)안그라픽스 김옥철 사장